"十四五"职业教育国家规划教材

非遗传承创新系列丛书

总主编 黄煜欣 秦海宁 李 娜

侗族服饰款式设计与制作

FASHION STYLE DESIGN OF DONG NATIONALITY

主　编　陈美娟　吕　涛
副主编　兰伟华　张　慧　伍依安
编　委　陶　静　覃丽霞　宁方方
　　　　卢　星　黄国燕　李海辉
　　　　韩　晶　苏月玲　谢建强
　　　　周秀妹

中国海洋大学出版社

·青岛·

图书在版编目（CIP）数据

侗族服饰款式设计与制作 / 陈美娟，吕涛主编. —青岛：中
国海洋大学出版社，2018.1（2023.9重印）
ISBN 978-7-5670-1711-5

Ⅰ. ① 侗… Ⅱ. ① 陈… ② 吕… Ⅲ. ① 侗族－民族服饰－
服装设计 ② 侗族－民族服饰－制作 Ⅳ.① TS941.742.872

中国版本图书馆 CIP 数据核字(2018)第 035955 号

出版发行	中国海洋大学出版社		
社　　址	青岛市香港东路 23 号	邮政编码	266071
出 版 人	杨立敏		
策 划 人	王　炬		
网　　址	http://pub.ouc.edu.cn		
电子信箱	tushubianjibu@126.com		
订购电话	021-51085016		
责任编辑	由元春	电　　话	0532-85902495
印　　制	上海祝桥新华印刷有限公司		
版　　次	2018 年 3 月第 1 版		
印　　次	2023 年 9 月第 3 次印刷		
成品尺寸	210 mm×270 mm		
印　　张	8		
字　　数	194 千		
印　　数	4001～5000		
定　　价	49.00 元		

总 序

　　侗族是一个居住在我国南部地区的少数民族，也是我国发展良好的人口大族之一，有着悠久的历史和文化内涵。侗族人民利用服饰展示本民族文化，记载民族历史和民族情感。侗族服饰文化是侗族传统文化的有机组成部分，是侗族社会发展的重要标志。在漫长的历史进程中，侗族人民在继承和发扬本民族传统服饰文化的同时又向其他各民族学习，在不断地融合与变异中发展，形成了颇具特色的民族服饰文化语言。侗族服饰工艺精湛、图案丰富、民族特色鲜明，为绚丽多彩的中华民族服饰文化增添了丰富的内涵。

　　在现代化的进程中，人们的生产方式和生活方式发生了根本的变化，我们的民族文化受到了巨大的冲击，面临前所未有的困境，部分民族文化濒临消失，侗族服饰文化也不例外。2003年1月30日，中新社就发表了《广西民族风情：三江侗族文化正加速走向消亡》的文章。正如山东工艺美术学院院长潘鲁生先生所言："我们或许无法预知未来世界里科学技术、生活方式还将发生怎样的改变，但今天的确是处在一个重要的节点，必须思考传统的文脉，我们能保存多少，数千年积累传承的智慧，我们能发展多少，以及能在多大的程度上创新和发展中华文化。"每一位工艺美术职业教育工作者深知，任何一种民族文化如果消失了就无法再现和复制。正是在这样的情形下，为进一步推动民族文化技艺传承与职业教育改革发展的有机对接，将侗族传统技艺纳入工艺美术职业教育课程，我们萌发了编写《侗族图案基础》《侗族图案应用设计》《侗族服饰款式设计与制作》等专业教材的构想。这一构想的提出，得到了相关部门和出版界的大力支持。于是，我们从侗族图案设计角度出发，并结合中等职业教育工艺美术专业图案设计基础课程"教"与"学"的基本特点，脚踏实地地深入广西三江侗族地区，踏寨叩舍，进行多次调研，走访当地的非物质文化遗产代表性传承人，采集了大量侗族图案原创资料，从三江侗族服饰的色彩、图案、款式、工艺等方面对三江侗族服饰语言的元素特征进行了总结归纳。正是这些采集的资料，夯实了《侗族图案基础》《侗族图案应用设计》和《侗族服饰款式设计与制作》这三本中等职业教育工艺美术专业教材的基础。通过对相关资料的全面收集和夜以继日地进行筛选、分类、编辑，最终完稿汇编成一套编排新颖独特、民族特色强烈的专业系列教材，目的是进一步充实中等职业教育工艺美术专业课程体系，传播民族文化，培养学生的动手能力和创造性思维，强调学生在传统图案与现代工艺美术设计的基础上学会应用与转换设计意识，增强学生对侗族艺术造型、色彩、图案、服饰的审美情趣。

　　民族工艺美术教育作为职业教育的一个有机组成部分，肩负着培养实用、传承、创新型工艺美术专业人才的重要使命。积极探索民族文化的现代传承机制，推动民族文化融入学校专业教育过程，充分发挥职业教育在改革民间传统手工艺传承模式、培养非物质文化遗产传承人才等方面的功能，使职业教育起到推动民族文化可持续性发展的积极示范作用。

张礼全

2018年元旦于无为居

专家委员会（按拼音排序）

前 言

　　《侗族服饰款式设计与制作》是一本主要面向中等职业学校服装设计与工艺专业的专业课程教材。本教材采集了大量民间艺人的宝贵经验和相关素材，经过柳州市第二职业技术学校服装、美术及艺术专业教师团队整合汇编而成，其中很多知识点都是首次编写，对中等职业学校文化艺术类专业相关课程的教学具有一定的参考价值，对广西少数民族服饰文化的传承和创新研究具有积极的意义。

　　本教材共分为三篇：设计篇、制作篇和欣赏篇。其中，设计篇包括侗族服饰文化、侗族服饰款式造型和侗族元素融入现代服饰创新设计三个项目；制作篇包括传统侗族服饰款式制作和创新侗族服饰款式制作两个项目；欣赏篇为赏析创新民族风服饰款式设计图例。本教材以具体任务为引领，图文并茂，体例活泼，语言通俗，深入浅出，生动地阐述了侗族服饰文化和服饰技艺的历史沿革以及制作工艺。教材着重描述便于学生学习掌握的部分工艺制作方法，语言洗练简洁，表述清晰准确。本教材配备有电子教案、PPT、教学视频等数字化教学资源，有利于师生的教与学，能够提升中职学生学习少数民族服饰的兴趣和热情，提高他们对少数民族服饰文化的认识、修养和审美能力，从而为其他相关课程的学习提供有益的借鉴和参考。

　　本教材的主编陈美娟老师是柳州市第二职业技术学校服装专业高级讲师、服装设计定制技师、高级"双师型"教师，校技能大师，韦清花大师工作室设计教师，柳州市美术家协会会员，广西民族技艺委员会会员，主持"广西少数民族服饰制作课程建设与教材开发"课题研究，荣获柳州市中等职业教育教学改革成果一等奖。其中工艺美术、服装设计作品分别荣获中国工艺美术作品展"百花杯"铜奖、广西壮族自治区工艺美术作品展"八桂天工"银奖、柳州市工艺美术作品展银奖和三江"旅游商品创意设计大赛"银奖等奖项。

　　本教材的主编吕涛老师是柳州市第二职业技术学校服装美术专业部负责人、教育硕士、高级讲师、初级"双师型"教师，第二批国家中等职业教育改革发展示范学校服装设计与工艺重点建设专业项目主持人、广西民族服饰（侗族服饰）文化传承创新职业教育基地建设项目主持人。所主持或参与的七项广西壮族自治区教改立项课题研究项目，其中三项荣获自治区中等职业教育优秀教改成果三等奖，两项分别获得柳州市中等职业教育教学改革成果一、二等奖，两项顺利结题。所指导的学生荣获广西职业院校服装设计与工艺专业技能大赛二等奖。

　　本教材在编写过程中得益于一位民间艺人的大力支持和帮助。韦清花，广西非物质文化遗产（侗绣）代表性传承人，广西工艺美术大师、三江县十佳民间艺人，其侗绣作品多次荣获国家级、自治区级、柳州市级等工艺美术作品展大奖。曾代表广西到澳门、英国参加世界文化遗产刺绣展演，到韩国参加"美在广西"文化交流刺绣展演，其民族特色刺绣作品影响当地，轰动一时，赞美之声如潮。2013年至今，被聘为柳州市第二职业技术学校民族传统手工艺专家，在校设立韦清花大师工作室，是该校服装设计与工艺专业民族刺绣教学领军人物。

本教材在编写过程中，曾广泛征求一线任课教师和服装企业技术人员的意见，并得到了广西民族服饰（侗族服饰）文化传承创新职业教育基地专家委员会专家们的大力支持和帮助，在此向他们致以衷心的感谢。

由于编者水平有限，书中难免有不足之处，敬请读者批评指正。

编者

2017年12月

目　录

 # 设 计 篇

学习目标：

- 了解广西侗族服饰文化，认识侗族服饰的特征、文化性和审美意识。
- 收集传统侗族服饰款式，记录侗族服饰款式特征。
- 了解传统侗族服饰的图案与色彩运用。
- 了解传统侗族服饰的织染绣技艺。
- 创新设计现代民族风服饰款式，并运用款式图、效果图表现。

参考学时： 25学时。

项目一　侗族服饰文化

相关知识

广西侗族服饰文化，侗族传统服装款式，侗族服饰的图案和色彩运用，侗族服饰的织染绣技艺。

任务一　调研了解广西侗族服饰文化

任务导入

广西侗族服饰文化历史悠久。侗乡是一块充满艺术灵气的土地，几千年来，侗族人民创造了古老的服饰艺术，世代相传，在侗族民间仍保持着传统服饰的织染绣技艺。在今天南部侗族的僻远地区，由于居住环境相对封闭，特别是侗族妇女，她们与外界交往甚少，生活比较稳定，其服饰仍保留着许多远古之风。以银和织绣为饰，穿百褶短裙，裹绑腿，着绣花鞋等，同时，着交领左衽、右衽大襟和无领对襟等服装款式，这些古代文献中所记载的古风淳朴的穿着，都较为完好地保存在今天侗族的服饰里，展示了一部活生生的侗族服饰演变史。

一、侗族服饰的特征

侗族的服饰，以居住的地域划分，可大致分为南北两种类型，各具特色。北部侗族地区由于水陆交通较为便利，生产水平较高，经济较发达，因此，男子服饰的演变与汉族服饰基本相似，妇女的服饰除县城外，仍保持着传统的特色。南部侗族地区则因地处山区，交通不便，至今仍保持着较为古老的裙装。南侗善绣，服饰极为精美，侗锦、侗布、挑花、刺绣等手工艺极富特色。女子穿无领对襟衣，衣襟和袖口镶有精细的马尾绣片。图案以龙凤为主，间以水云纹、花草纹。下着百褶裙，脚蹬翘头花鞋。发髻上饰环簪、银钗或戴盘龙舞凤的银冠，并佩挂多层银项圈和耳坠、手镯、腰坠等银饰，腰系腰带。侗族男子穿对襟、左衽大襟或右衽大襟上衣，下着长裤，裹绑腿，穿草鞋或赤脚，青布包头。盛装时穿古老的百鸟衣、银朝衣、月亮衣等，戴银帽及其他银质饰物。

　　侗族服饰由上装和下装组成，分为盛装和便装。便装一般为黑色土布制成，少银饰和刺绣。男子用黑布巾缠头，上身穿直领布扣黑土布对襟紧身衣，戴银项圈、银手镯，扎黑布腰带。下身穿白土布宽筒长裤，挽裤脚数圈于膝上，打黑布绑腿（用一块两角系绳、两边缀穗的侗锦将绑腿扎紧），脚穿白布袜和布鞋。女子蓄发，春冬季节，多盘发于头，包对角白布头帕，上穿无领无扣右衽青布衣，腹前系两寸宽的布带，下穿宽筒长便裤，脚穿白布袜、布鞋或绣花云勾鞋；夏秋时节，将长发盘髻或挽为扁髻，髻上插一把木梳和数支银簪，额头上扎白布带，上身穿无领无扣对襟青布衣或黑布衣，袖宽而短，衬肚兜，扎黑布或青布腰带，下穿百褶裙，扎绑腿，穿白布袜和绣花船形踏跟勾鞋。喜戴银耳环、银项圈。盛装则由"亮布"制成，再以彩色的丝线在布上织绣各种精美的图案为装饰，这些图案纹样大多织绣在衣领、对襟、袖口、下摆等显眼或易磨损的部位，既增强了衣服的耐磨性，又装饰美化了衣服，是实用性与艺术性的完美统一。盛装时还要佩戴银耳环、银帽、银项圈、银围腰等银饰（图1-1-1）。

图1-1-1　侗族服饰盛装

（一）款式特征

民族服饰配套穿着讲究"取长补短"，有主有次，内衣与外衣"互为补缺"。广西侗族女子的裙装样式也呈现了上下长短和内外宽紧等多种对比关系。

侗族女子穿裙时，上身以开襟紧身衣相配，胸部围青色刺绣的剪刀口状的"兜领"，裹绑腿（图1-1-2）；穿裤时，以右衽短衣相配。盛装时，妇女多穿鸡毛裙；也有穿右衽无领上衣，以银珠为扣，环肩镶边，足蹬翘尖绣花鞋。

侗族男子用紫色亮布头巾缠头，节日盛装还于头上插一根野鸡羽毛。上身穿紫色亮布交领衣，戴银项圈，背彩色侗锦花袋。下身穿白布长裤，扎黑布绑腿，以彩锦带系紧。穿白布袜、黑布鞋。一身打扮黑白分明，给人一种干净明快的审美享受（图1-1-3）。

图1-1-2　侗族女子服饰

图1-1-3　侗族男子服饰

（二）材质特征

广西侗族的男女服饰还体现了材质美。侗族的衣料多为自织自染的"侗布"，有粗纱、细纱之分。"侗布"就是用织好的平布经蓝靛、白酒、牛皮汁、鸡蛋清等混合成的染液反复浸染、蒸晒、槌打而成。节日着盛装时女子大多穿着"亮布"制作的服装。"亮布"是一种特殊的、发亮的侗布，制作工艺烦琐而细致，以纯手工制作，耗时较长，产量不大，非常珍贵，光泽越亮的"亮布"，制作时间越长，越有价值，是侗布中的精品。有的盛装全套采用"亮布"，只在局部裹腿使用一般的侗布，闪闪发亮，非常华丽；有的上装用"亮布"，下装使用常规侗布，再配以织锦与刺绣的拼贴。无论哪种搭配方式，都会在服饰中产生高光与亚光以及不同材质肌理的对比效果，增添了服装的对比与层次感（图1-1-4、图1-1-5）。

图1-1-4 侗族服饰——"亮布"制作的节日盛装

图1-1-5 侗族节日盛装

（三）饰品特征

侗族妇女喜欢佩戴银花、银帽、项圈、手镯等银质饰品。妇女颈、胸部的银饰是最繁多的，银饰品中最大的是银项圈，可从颈部挂到腰部，大小相套。银锁链佩戴于胸前，它是一条银链下吊一块锁状银牌，上面刻有各式花纹图案，银牌下再缀以铃铛、银片、花鸟、蝴蝶等银饰物。侗族服饰充分运用饰品的多重性，其饰品有多种佩戴方式，如头饰的多层次变化、大小变化、疏密变化、长短高低变化，多个手镯的佩戴粗细不同、大小相间、错落有致，从而增强传统服饰的韵律感，采用不同韵律进行组合，凭借多层次的视觉效果，体现浓郁的民族风情（图1-1-6至图1-1-9）。

图1-1-6 侗族银饰——头饰、项圈

图1-1-7 侗族银饰——项圈、头饰、发簪、耳环

图1-1-8 侗族银饰——发簪

图1-1-9 侗族挂饰

（四）工艺特征

在三江侗寨，侗族人大多穿着自纺、自织、自染的侗布经手工制作而成的传统服饰。织染绣技艺是侗族妇女擅长的工艺。侗族服饰上通常有各种刺绣图案花纹——人物、禽兽、花卉、草虫等，形象生动，色彩绚丽而调和。侗族的背扇堪称一流绣品，其造型古老、绣工精美、图案严谨、色彩富丽，充分展示了侗族女子的聪慧和高超技艺（图1-1-10）。

图1-1-10　侗族背扇

二、侗族服饰的文化性

服饰的产生和服饰文化的形成，与人类居住的自然环境、气候条件、生产方式和生活方式密切相关。衣服的基本功能是保暖和装饰，除此之外，许多民族的服饰还担当了记录和传播本民族历史文化的作用。新中国成立前，侗族人民由于没有自己的文字，并且长期生活在偏远的山区，他们的文化传承大多是以歌舞、戏曲、图志等形式存在。但是，歌舞、戏曲的传播方式随着岁月流逝会发生较大的变化，而以图志记载的传统文化内涵却相对地稳定，弥补了歌舞和戏曲的不足。即使是在有文字记载的民族中，图志或造型也是一种非常重要的文化手段。此外，服饰文化还与本民族的风俗习惯密切相关，对于没有文字记载的民族而言，习俗就是文化的记录，它有着独特的文化遗传功能。侗族的服饰文化正是图志文化的一种表现形式，它具有鲜明的文化性和习俗性，记载了侗族悠久的历史文化内涵以及丰富多彩的经济生活和精神生活内容。

（一）与稻作文化的关系

侗族是由古代的越僚族群分化演变而来的，是中国古老的水稻民族之一，稻作文化是侗族传统文化的核心。稻作文化历史悠久，在长期的历史发展过程中，随着农业耕作技术的不断进步而发展变化。侗族服饰的产生和发展，与这种稻作文化息息相关（图1-1-11）。

图1-1-11　侗族稻谷梯田

稻作文化的特点就是通过对土地的直接耕作和投入，产出和获取更多更丰富的粮棉桑麻油等基本生活资料。侗族人民种植棉桑麻等农副业经济作物，经过自织、自染的家庭手工业加工，制成棉麻土布，作为制作衣物的主要原料。因此，侗族有种植棉花的传统，也有与此相关的节日（图1-1-12）。

图1-1-12　侗族"百家宴"

为了适应农事劳动和南方亚热带地区湿热的气候条件，侗族着装以单薄、短小、灵活的衣裤、衣裙为主。男子因为要从事技术复杂的重体力劳动，运动量大，活动范围广，与此相应，服饰就比较简单，大多穿的是宽裆肥大的便裤，以保证两腿有更大的活动范围，并在小腿上扎着绑腿，以便在丛林中行走。

因为要从事复杂细致的纺织、刺绣等手工艺技术劳作，这既锻炼了妇女们的手工技巧，也提高了她们对服饰制作的审美能力与要求，相对于男子服饰而言，妇女的服饰便显得多姿多彩、精巧细致，具有较高的工艺价值。这主要是由妇女们的社会分工所决定的（图1-1-13、图1-1-14）。

图1-1-13　侗族妇女在制作侗绣1

图1-1-14　侗族妇女在制作侗绣2

侗族的服饰不太注重鞋帽，帽子很少见，侗族人大多用青布、蓝布包头，穿草鞋或布鞋，这与侗族人民居住在湿热地区以及从事水田农耕劳动有关。

农业生产技术的发展，促进了家庭手工业工艺技术水平的提高，反映在服饰文化上，便是产生了技术性较强的蜡染、挑花、刺绣等工艺品。这些工艺品式样繁多，刺绣图案工艺性强，早期由于多用自制的蓝靛等染色，颜色多为青色和蓝色，或不经煮染而保留本白色。侗族服饰上有许多纹样，尤其是妇女的服饰以及重大节庆时男子穿着的"百鸟衣""芦笙衣"等，这些服饰纹样完全是图案化的，主要有谷粒纹、桂花纹、梅花纹、浮萍花纹等植物纹样，从中既可以看出侗族的蜡染、挑花、刺绣等工艺水平的高超，也可以看出农耕经济的深刻影响，因为这些纹样大多是人们日常所接触的植物形状的艺术抽象。

在漫长的岁月里，侗族人民共同从事农耕劳动，种植稻谷，没有明显的社会分工，人人处于平等的地位，没有上下之分、贵贱之别，并且很少受到外来文化的影响，因此人们形成了平等共处的思想意识，反映在服饰上，便是只有老少之别、区域之异，没有等级之分。

（二）与图腾崇拜的关系

侗族是一个农耕民族，特别崇拜与稻耕有关的自然物，如山、水、地、太阳、雷、谷种、树等。原始的崇拜意识、崇拜观念经过几千年的演变，虽然失去了原来的面目，但核心内容却世世代代相流传，没有发生过重大的改变，反映在服饰文化上，便有了许多与图腾崇拜有关的图案纹样，清晰地表现了民族的图腾崇拜意识（图1-1-15）。

图1-1-15　侗族图腾——牛、太阳

在侗家人的心目中，"萨"是至高无上、至善至美的守护女神，是他们的最高崇拜偶像，许多侗寨里都设有萨坛。在祭祀萨神时，妇女们要穿上最珍贵的节日盛装，配上银饰。在神坛地下常埋入一些女性的衣物服饰，如花裙、银帽、银饰等，以奉献给萨神，并且雕刻一女子头像，或制一银女，高约17厘米，身穿盛服，缠五色绸缎，佩戴银冠、耳环，作为萨神的象征，用托盘垫托于锅中，四周撒以白米、茶叶、木炭、朱砂，用锅盖盖好，祈求丰收。由此可见，在祭祀萨神时，服饰占有非常重要的位置。

侗族人民非常崇拜太阳、鸟与水稻。万物生长靠太阳，没有太阳的地方不可能生长水稻，没有水稻就没有侗家。在神话传说中，侗家的谷种是鸟儿衔来的，因此，太阳、鸟和水稻都是侗族人民崇拜的对象。在侗族妇女背负小孩的背带和盖小孩头顶的头帕、帽檐上，中间都用彩线绣上一个或多个圆圈点。在孩子满周岁或过十岁以下的生日时，母亲们都习惯点一点朱砂在孩子的眉宇间，祈求太阳神保佑自己的孩子能够平平安安、无灾无病地长大成人。另外，在侗族姑娘佩戴的银饰上，常常吊着圆形的饰物，男子芦笙队员穿的节日服装衣襟下也吊着一圈插羽毛的圆球，这些都是象征光芒四射的太阳。

传说中最先养活侗族祖先的食物是鱼而不是水稻，因此鱼也是侗族图腾崇拜的对象。在侗族的银饰、刺绣中，有很多与鱼有关的图案，这些图案制作精细，非常漂亮。

（三）与节日文化的关系

侗族是个多节日的民族，如春节、三月三（图1-1-16）、"月也"（全寨或分姓氏出访或招待来宾）、斗牛节、各种歌会等。侗族地区重大节日的喜庆气氛往往体现在服饰上，节日服饰是节日文化的重要组成部分，它为节日增添光彩、渲染气氛。在节日中，来自四面八方的人们，带来了不同地区的服饰样式，使得节日成为各种类型服饰的盛大展览会。

图1-1-16　侗族节日——三月三

　　服饰在节日文化中扮演的另一重要角色就是被当作互相赠送的礼物。在侗乡，许多节日活动已经成为侗族青年人集劳动、娱乐、社交为一体的集体活动，在四月初八、五月初五、六月初六、七月十四、八月十五等日子里，青年们都要穿上节日的盛装"行歌踏月"（图1-1-17），即通过互唱情歌来谈情说爱，姑娘们还把自己最拿手的手工饰品如布鞋、花带、家织布等，用竹竿高高吊起，供人观赏，然后送给心爱之人。

图1-1-17　侗族节日——歌会

（四）与婚嫁习俗的关系

　　侗族青年的恋爱是自由的，他们一般是通过"行歌踏月"的方式来互相了解。在约会结束时，小伙子会向女方借东西，作为下次约会的信物——"把凭"，常见的有首饰、头帕、花带等物品。在侗家，布匹、手帕、鞋、衣服等都可以成为表达和传递爱情的物品，反映了侗族青年对爱情的追求和对幸福生活的向往（图1-1-18）。一对男女恋爱成熟后，必须得到家长的同意，方可成婚。在订婚时，男方要携带礼物前往女方家，而女方家也要回赠少量礼物，一般是布匹、袜底等，作为"押记"，订下终身。在这些习俗中，服饰对于传承民族传统文化起到了重要的作用。

　　侗族妇女注重首饰与头饰，因为它们能够表现特殊的文化内容。例如，妇女在结婚前后的头饰就有明显的区别：有的地方妇女在婚前戴银碗，婚后包头帕；有的地方妇女在婚前把头发绕成盘形，留刘海、戴耳环，婚后则剪刘海、去耳环。通过首饰与头饰的变化，可以把已婚和未婚的妇女区别开来。首饰与头饰的变化特征便成了人生两个主要阶段的标志。

图1-1-18　侗族婚嫁定情物——手帕

三、侗族服饰的审美意识

（一）智慧之美

侗族文化赞美智慧、崇尚秀美，侗族服饰如侗锦的生产工艺要求较高、编织难度较大，从针法到构图、从用线到色彩搭配都十分讲究，是民族智慧的结晶。

（二）和谐之美

侗族服饰在结构上讲究图案的整体完美性，构图非常细密严谨，主题突出，层次分明，完美和谐。在技法上尤其擅长通过线条的工整、细密、刚柔、曲直、缓急表现出形体结构之美。在色彩的运用上，多用单纯的色彩，并且偏爱粉红色和绿色，以蓝色、黑色或白色为底色，用鲜艳的颜色刺绣图案，使对比色统一于深色之中，呈现出一种与侗族民族特征相符合的既欢快活跃又和谐安宁的效果，体现了侗族人民平和、热情、淳朴的性格特征。

（三）勤劳之美

侗族姑娘往往从七八岁就开始学习刺绣、织锦。出嫁时，要将自己制作的服饰作为陪嫁物品带到婆家；成家后，一家大小的服饰都是从她的手中产生。比如，男子服饰中的头帕是非常重要的装饰，一个男子的头帕色泽亮不亮，扎得好不好，往往显示出家里是否有贤妻。另外，服饰的制作需要投入一定的劳动，从种植棉花到纺纱织布，再到精心刺绣、挑花、蜡染，每一项都是费工费时的技艺，需要投入相当大的劳动量。制作一套节日盛装，往往需要很长时间甚至是几年的时间，需要经过二十多道比较大的工序，投入大量的人力、物力、财力。从这种意义上讲，服饰之美也是勤劳之美。

（四）富有之美

侗族的节日服饰，大多与绸缎相搭配，再搭配各种银饰。在侗家，即使是贫穷的人家也要省吃俭用，为家中未出嫁的姑娘准备好价值昂贵的银饰作为嫁妆，银饰越多越好。侗族姑娘穿的盛装由七大部分组成。节庆时，侗族妇女往往是集盛装、银饰于一身，每套盛装（包括银饰在内）通常价值人民币一千五百多元，每位侗家姑娘至少有三至五套这样的盛装，也有多达十来套的，以表示富有。

任务活动

（1）通过网络、书刊查找资料，充分了解广西侗族服饰的历史背景。
（2）深入了解侗族服饰文化，认识侗族服饰的特征、文化性和审美意识。

知识拓展

侗族服饰分为简装和盛装。在日常生活中或做农活时，侗族人一般身着简装，而在节日活动和访亲探友时身着盛装。简装和盛装的变化还和婚姻角色的变化有关。侗族有民歌可证："从前嫁男不嫁女，如今嫁女妹可怜。"相传，古代男子嫁到女子家，出嫁男子穿上盛装，在结婚当天打扮得威武英俊，后来男子取代了女子的统治地位，出嫁对象改变了，于是盛装就转移到了女子的身上。先是"男盛女简"，后是"女盛男简"。

任务二　收集了解侗族传统服装款式

任务导入

从传统侗族服饰文化分析，侗族女性的服饰结构比较复杂而男性服饰较简化，中国南方一些较原始的地区仍保留着传统服饰面貌，被誉为"穿在身上的史书"，成了研究侗族服饰文化的"活化石"。侗族服饰体现了侗族人民的审美文化和技艺，展示了侗族服饰艺术的历史变迁，也是侗族文化传播和风俗习惯的表现形式。对侗族服饰艺术进行欣赏，从现代审美角度合理剖析侗族服饰的审美趣味和工艺技巧，并进行当今审美意识交流，对传统文化的传承和保护、发展与创新，有深远的历史意义和现实意义。

一、侗族男装款式

在侗族的大部分地区，男装服饰已经与汉族无异，只在少数地方还保留着传统的特点。传统的日常男装通常为：上身穿高领对襟衣，直领、对襟、着花扣、缝布袋，有七个或九个布扣，三个或七个布袋，腰系布带；下身着长裤，裤子一般是宽裆窄筒，裤脚肥大，脚穿布鞋或草鞋；另外还有包头帕，头帕有古铜色、青色、白色、蓝色等（图1-2-1）。

图1-2-1　侗族男子服饰

在节庆的日子里，侗族男子还会穿上节日盛装，如芦笙踩堂的"芦笙衣"、抢花炮的"武士服"等。

"芦笙衣"是广西三江县侗族芦笙队男女青年在重大节日里跳芦笙舞时穿着的服饰。男子上身穿黑色对襟布扣衣，肩绣织彩锦或黑白锦，领口、衣襟和胸部以下的衣服绣各种彩色纹样，袖口绣一大截彩色纹样。下身穿白布裤，小腿扎黑布绑腿，以锦带系之。裤外套侗锦鸡毛吊珠裙，将若干块彩色侗锦联于腰带，系于衣内，每块侗锦的末端缀吊珠、鸡毛。芦笙队员穿着它跳起芦笙踩堂舞时左右摇摆，裙带飘舞，满身串珠、羽毛闪亮翻飞，非常好看（图1-2-2、图1-2-3）。

图1-2-2　侗族服饰——"芦笙衣"1

图1-2-3　侗族服饰——"芦笙衣"2

"武士服"用头盘白色或彩色侗帕，穿紫黑色圆领侧开襟上衣，有时用一丈多长的侗布头巾作为腰带，腰带两头形成拖至脚后跟的飘带。下装则是紫黑色宽筒长裤，脚穿布鞋。有的还佩戴一个银项圈，用银链背一个绣花荷包和一个小葫芦，荷包装火镰、冲条，葫芦装火药，葫芦上还系一条白毛巾。这种装束干净利落，黑白颜色对比鲜明，既能显示男子威武刚强的男性气概，又能体现他们开朗潇洒的性格（图1-2-4）。

图1-2-4　侗族服饰——"武士服"

二、侗族女装款式

侗族女装大致分为穿裙和穿裤两种，服饰包括衣、裙、裤、鞋、头巾、发型和首饰。侗族妇女的发装和头饰，是侗族服饰的重要组成部分，也是各个地区不同服饰的区别性标志之一。侗族妇女多蓄长发，一般都挽髻，有偏髻、盘髻、双盘髻。北部地区大部分系于脑后，南部地区大部分系偏髻于头顶的偏左侧，称为"偏髻"。头帕是头饰的一部分，侗族妇女的头帕样式较多，具有明显的地方性和季节性，一般来说，年轻姑娘包花色毛巾帕或不包头帕，中老年妇女多包靛染青帕或素锦帕。

头戴银饰是女子盛装的标志之一，侗族的银饰由银梳、银簪、银插座、银枝、银花、银珠串、银帽等组成。姑娘盛装时，头戴银梳子，插银簪，额前脑后有银插座，以银串珠围额，额前插座上竖插三条银枝花苞，后银插座上插有一丛银花，银花下垂有七挂银须。木梳套入银梳，梳齿紧贴发髻。这种银饰装束打扮起来，满头银饰密集，如皇后戴头冠一般，银光闪闪。

侗族女装的款式大致有如下几种类型。

1. 右衽大襟裤装

这是侗族妇女典型的穿着，上装为大襟银质球形纽扣，右衽无领或矮领，外套夹衣，大挽袖褶至肘弯，挽袖部分另配颜色，与上衣形成对比；下装为裤装，裤脚大小因地区而异。袖口、裤脚、襟边均镶有滚边或加有花边，花边以家织白布为底、黑线挑花，或以缎料作底、丝线挑花，色泽鲜艳，美观大方。盛装时穿羽毛帘裙，佩银饰（图1-2-5）。

图1-2-5 侗族服饰右衽大襟裤装

2. 右衽大襟裙装

上衣为右衽大襟，长衣宽袖，衣襟和袖部均镶有花边，裙长过膝，为网纹百褶裙，扎蓝花织锦绑腿，穿无跟草鞋（图1-2-6）。

3. 左衽交襟裙装

南侗善织绣，服饰极精美，女子上衣左衽开襟，襟边、袖口镶花边，下着青色细褶短裙，裹绑腿，穿绣花鞋。服饰的布料均为闪光的紫色自织侗布（图1-2-7）。盛装时佩戴各种银饰（图1-2-8）。

图1-2-6 侗族服饰——右衽大襟裙装

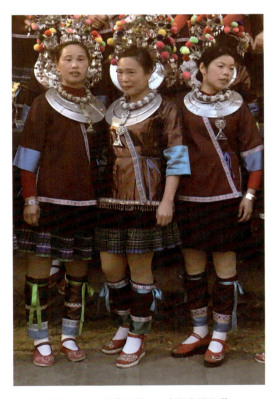

图1-2-7 侗族服饰——左衽交襟裙装

图1-2-8 侗族服饰——盛装

4. 对襟裙装

上衣为无领无扣对襟衣，胸前开襟，内系菱形青色围兜，围兜上绣着三角形蝴蝶变形花纹。衣袖窄小，衣两侧开高衩，襟边、袖口、下摆及衩沿绲边或装饰花边。下穿青色百褶裙，小腿上系着方形青布裹腿，足穿绣花船形勾鞋（图1-2-9）。

图1-2-9 侗族服饰——对襟裙装

5. 对襟裤装

三江侗族自治县同乐一带侗族，其女子上身穿黑布对襟衣，左右两侧下摆各开一叉口，领沿、衣襟、衣脚均用蓝、白等色丝线绣图案纹样，袖口镶一道蓝布阑干，用黄、红、蓝、白等色丝线在袖上绣图案纹样。外衣衣袖略短而宽，内衣衣袖略长而窄，内衣衣袖略露于外。穿时可将左右两衣脚交叉于腹前，亦可敞开，内穿黑布绣花胸围，胸围的下端镶一块三角形蓝布，略长于衣，穿时露于衣外。下身穿黑布裤，小腿套脚套，以青布带将之系紧于小腿上。整个打扮古朴素静，让人赏心悦目（图1-2-10）。

图1-2-10 侗族服饰——对襟裤装

任务活动

（1）收集了解侗族女装款式。

（2）收集了解侗族男装款式。

知识拓展

　　侗族女子服饰的花纹和图案装饰也是根据女子的年龄、身份不同，而不尽相同：未婚少女的衣服上多饰有色彩鲜艳的花边，广西三江、龙胜等地的侗族少女会将辫子盘在头顶，并佩戴银梳和发簪，银簪上刻有蝴蝶或花鸟纹样的，代表姑娘已经长成，年轻的小伙子们可以来找她谈恋爱了；已婚妇女的花边就淡雅许多，头挽椎髻，也佩戴梳子和发簪，发簪上刻的是双鱼或双环的花纹，表明她们是和丈夫"成双成对"的已婚妇女身份；而年迈的妇女则以青色为多，不用彩色花边。

◇◆◇◆◇ 任务三　收集研究侗族服饰的图案与色彩运用

任务导入

在服装的装饰方面，图案是侗族人民运用较多的装饰方式之一。装饰主要用在衣服的门襟、下摆、袖口、侧缝开衩以及鞋子等处。这些装饰图案不但在一定程度上起到了强调服装轮廓的作用，也在细节处为服装添彩。侗族服饰上图案与装饰搭配的细节与手法在现代的服饰设计中很常见。

侗族服装的衣襟、衣袖、衣边、围裙、头帕、帽子、鞋子、背带以及挎包等都装饰有二方连续或四方连续的崇拜图腾、吉祥物（花、鸟、虫、鱼）等组合的精美刺绣作品，这些都是心灵手巧的侗族人设计审美的表达。

一、侗族服饰的图案运用

广西侗族服饰图案中的几何纹样常见的主要有云纹、雷纹、水波纹、回形纹、圆圈纹、羽状纹、锯齿纹等。其图案结构多是适合纹样、二方连续和四方连续。这些几何纹样都是以简单的点、线、面以及正方形、三角形、圆形、菱形等为基本要素构成的，通过点、线、面的移动构成各种不同的轨迹，从而形成不同风貌的图案纹样（图1-3-1至图1-3-6）。

图1-3-1　侗族花卉、蝴蝶造型的适合图案

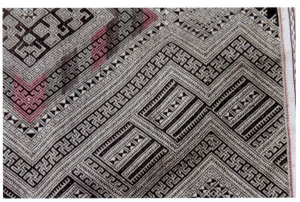

图1-3-2　几何形、回形纹图案

图1-3-3　侗族早期太阳图案

图1-3-4　凤凰、蝴蝶图案

图1-3-5　蜘蛛图案

图1-3-6　侗族背带刺绣图案

二、侗族服饰的色彩运用

　　侗族人民大多穿自纺、自织、自染的侗布，喜爱青、紫、白、蓝色。黑青色多用于春、秋、冬三个季节，白色多用于夏季，紫色多用于节日。女裙不分季节，多用黑色。侗族服饰讲究色彩搭配，通常以一种颜色为主，类比色为辅，再用对比性颜色装饰，主次分明，色调明快而恬静、柔和而娴雅（图1-3-7至图1-3-10）。

图1-3-7　侗族男士荷包

图1-3-8　侗族刺绣补花背带

图1-3-9　侗族女子服饰肚兜

图1-3-10　侗族女童头饰

任务活动

（1）通过网络、书籍查找资料，收集研究侗族服饰的图案运用。

（2）通过网络、书籍查找资料，收集研究侗族服饰的色彩运用。

知识拓展

　　侗族姑娘从小就学习女红，在十一二岁时就在长辈的指导下开始为自己准备嫁衣和信物，懒惰、手笨的姑娘会被人瞧不起，找婆家比较困难。母亲的私房财产如衣服、银饰、布匹、棉花等都由女儿继承，而在女儿结婚时，娘家也会陪嫁各种纺织工具。至今，在广西三江侗族自治县程阳地区仍然有着这样的风俗：在新娘结婚的第二天，娘家就会派人挑来一担衣服，其中有单衣、夹衣、裤子十几套，花鞋、侗布袜子若干双，银项圈和银手镯等银饰若干；新娘在结婚的这一周里，每天都要到井亭去挑几次水，每挑一次要换一件自己做的新衣服，即使是外出，每次也要换一件新衣服，引来村里人的观看（图1-3-11、图1-3-12）。

图1-3-11　侗族姑娘为自己做嫁衣　　　　　　　图1-3-12　心灵手巧的侗族小姑娘

❖❖❖ 任务四　收集了解侗族服饰的织染绣技艺

任务导入

　　刺绣是侗族妇女擅长的工艺，侗族服饰上通常有各种刺绣图案花纹——人物、禽兽、花卉、草虫等，形象生动，色彩绚丽而调和。银饰有颈圈、项链、手镯、耳环、戒指、银簪、银花。纺织品有侗锦、侗帕、侗布。先用靛染，后涂蛋白的"蛋布"，颜色鲜亮，为侗族固有衣料。

一、侗族染布

　　在三江侗寨，侗族人大都穿着由自纺、自织、自染的侗布经手工制作而成的传统服饰。几乎每个家庭都有自己的印染作坊，纺纱、织布、染布是侗族妇女们一生中重要的生活技能之一。她们通过言传身教，使这一套古老传统的平染和蜡染工艺得以流传数千年。

（一）平染

　　平染，或称浸染，即平常所见的将布匹整体染成均匀、同一颜色的方法。将染料（一般有蓝、黑两种）放入大瓦缸内加水搅拌，加适量的酒、牛皮胶及附加色剂等，搅匀成浓液，把事先用清水漂洗过的白布放入浓液中浸泡。第二天取出，用清水漂洗、晒干，再放入染缸浸泡，再漂洗、晒干。如此反复数次，多的达十余次，直至染出均匀理想的色泽为止。染好的布料有时还在布面上"打浆"，以一种野生薯类的淀粉制稀浆，涂于布面，使之有光泽。另外，还要反复碾压、捶打。碾压工具由一块平石板、卷布轴和凹形碾布石组成。碾压时，将已染色、上浆的布匹卷在卷布轴上布筒，然后放在石板上，凹形碾石压在布轴上，人的两脚踩在碾石的两角，手扶着墙壁或吊杆，两脚均匀用劲，让布轴在碾石和石板之间来回滚动，使布平整。捶布的工序也很重要，使用的工具有垫布石、槌。捶的方式很讲究，先在垫布石上垫放一层薄布，然后把布条折成方形，厚度为8～10厘米，再在布上盖一层布，包好。需要2～3人同时捶，动作要平稳，方向要一致、密集。捶后清洗，再捶再洗，时间依布的成型状况而定，一般要反复多次，直至布平滑光亮为止。这样处理的布料不仅坚固耐用，而且色泽光洁，经久不褪（图1-4-1、图1-4-2）。

图1-4-1 制作植物染料

图1-4-2 侗族染布——平染

（二）蜡染

蜡染，古代称"蜡缬"，即用蜡液防染的一种印染方法，利用蜡液做防染原料，使植物纤维不被染液浸入，蜡去花现。蜡染虽然一般只有蓝、白两种颜色，但由于巧妙地运用了点、线和疏密的结合，使得整个构图色调饱满，层次丰富，简洁明快，素雅清丽（图1-4-3）。

图1-4-3 侗族蜡染——四鱼图

侗族用于蜡染的材料有蜂蜡、蓝靛等。蜡染方法是将白布平铺于木板上，置蜂蜡于锅内加热使之熔化为液体。用竹（或木）与铁片所制蜡刀蘸起蜡液，直接在布上绘制各种图案纹样。将蓝靛和白酒制成染料，放入缸中，再将绘好纹样的布料投入染缸，待布浸透染液后取出晾干，再放入清水中煮沸，待布上的蜡全部熔化后取出晾干即可。凡蜡染绘过的地方，由于蜡液的保护没有被蓝靛染上颜色，未上蜡液的地方则染上蓝靛色。染好后用水煮去蜡，即成为蓝底白花纹的蜡染成品。

由于蜡具有受热熔化、受冷凝结的特点，在描绘时要具有熟练的技能，蜡太热则线条化开，易于走散，花纹变形；蜡太冷则不易流动，花纹线路断续不齐。在蜡染的过程中，蜡液在布上流动形成自然龟裂现象，经煮沸后，在布上留下一种人工无法描绘的冰花，使蜡染产生一种特殊的艺术效果，令人赞叹。

此外，若想在同一图案纹样上获得深、浅两种不同颜色的效果，可先绘好纹样，将布浸染成浅蓝色，待干后在浅蓝部位涂上蜡，再置于染缸浸染成深蓝，煮去蜡即得深、浅两种颜色。如要制作彩色蜡染，可先在彩色部位染上杨梅叶汁（红色）或白蜡皮树叶汁和黄栀子（黄色），再涂上蜡，放入染缸，依次浸染，即可得色彩缤纷的蜡染成品。

二、侗族织锦

侗锦，是侗族纺织和刺绣工艺发展到高层次的产物，是侗族妇女织锦艺术的代表作。编织侗锦一般要有木架式织具和高超技艺（图1-4-4）。编织大幅侗锦，一般妇女是难以胜任的。有的侗锦织具结构复杂，上面设有多根档纱的长竹签，编织者须记清所织图案需要提、按的竹签顺序。编织中、小幅侗锦，一般妇女都能完成，根据所要织的图案来提纱编织即可。当然图案要烂熟于心，提纱要做到胸中有数，至于编织花带一类装饰品，可以不用木架式织具，把脚伸出去，一端挂在大脚趾上，另一端拴在腰带上，或一端搁在柱头上，另一端拴在腰间，再用一枚梭即可编织。梭有长有短，一至五寸不等。织具虽简单，所编织图案却很丰富。

图1-4-4　织侗锦

侗锦绝大部分是通过编织而成的，但也有大幅织锦，其主要图案是编织的，而图案中间的若干局部细节需用刺绣完成。这类侗锦称为"杂花锦"，它是织绣工艺结合的产物，更加美观悦目。从工艺上看，侗锦有织锦和织绣锦。从颜色上看，侗锦有彩锦和素锦。彩锦称为"锦"，素锦称为"绮"。彩锦常用黄、紫、绿、蓝等线杂织，色彩缤纷，十分艳丽。素锦一般是在白经线上用青线作纬线编织而成。侗锦一般用于被面、床单、围裙、背带、口袋等的制作料子，织绣而成的"杂花锦""夹花锦""满纹锦"等常用作妇女的衣料。

三、侗族刺绣

侗族刺绣主要是以广西三江县同乐乡的刺绣为主。同乐的刺绣较多用于装饰女性的服饰以及小孩的背带，也用于装饰绣花鞋、背包、童帽等。当地侗族妇女的服饰一般是由侗家女性亲手制作的。她们制作好侗布后，再把侗布裁制成衣服。她们先用硬纸剪出各种图案，然后以图案为底稿，一针一针地把各种颜色的线绣到布条上，最后把绣好的图案缝到衣服上，这样一件纯手工刺绣的侗衣才算完成。当地人认为，一件纯手工刺绣的侗衣才是一幅质量上乘的绣品。

刺绣的整个制作工艺过程包括制作绣片布、剪纸和刺绣三个环节。使用工具一般有绣花框、剪刀、针、彩线等。制作绣片布时用旧报纸做底层，中间层是粗棉布，面层使用绸缎面料。刺绣前需将刺绣图案裁剪出来，贴在布条上，然后按照图案的轮廓来进行刺绣：按所需的色彩配绣花线，起针绣花，围绕剪纸刺绣，针迹以45°斜式，使花样造型边缘平整。同时调整绣花线迹的疏密度，用绣花线将剪纸密集地包围住。侗绣一般有竖绣、横绣、斜绣，在施绣过程中，绣向要依据图样的大小采用适合的针法，还要注意处理好浮线问题。为了避免浮线过长，侗绣一般按短位绣。如绣一长叶，应横向绣或斜向绣，而不能竖向绣。常用针法有垫绣、旋针、套针、戗针。侗绣的基本要领是"匀、平、齐、顺"（图1-4-5至图1-4-8）。

图1-4-5　刺绣工具

图1-4-6　剪纸

图1-4-7　粘剪纸绣片

图1-4-8　绣花片成品

任务活动

（1）通过网络、书籍查找资料，收集研究侗族服饰的染布技艺。

（2）通过网络、书籍查找资料，收集研究侗族服饰的织锦技艺。

（3）通过网络、书籍查找资料，收集研究侗族服饰的刺绣技艺。

·项目实训内容·

（1）分组查找资料，收集广西境内侗族的分布区域、地理位置、风俗文化、禁忌、穿着习惯等相关资料，进行分享展示。

（2）分组查找资料，分析和鉴赏侗族男装、女装款式。

（3）分组查找资料，分析和鉴赏侗族服饰的图案、色彩运用。

（4）拷贝、临摹10款侗族刺绣图案。

✷ 项目二 侗族服饰款式造型

相关知识

侗族男装款式造型，侗族女装款式造型，侗族服饰品设计。

◈◈◈ 任务一 侗族男装款式造型

任务导入

制作一套侗族盛装，从制纱、晾晒、纺织、染色、捶打、晾干、裁剪、绣花到成衣，大约需要三年的时间。侗族服装的原材料早先主要来自寨子周边山里的麻树皮，侗族妇女将麻树皮分拆成丝，不断揉洗，去除其树汁液，晾干。后来又加入一些棉花，面料就变得更加细腻了。妇女们有空就坐在街边房前将棉麻纺成紧密的纱线，再用织布机织成土布。天气晴好的时候，一排排侗族妇女坐在一起，穿着民族服装，纺纱机"吱吱"响，成为侗寨街头的一道风景。织好的土布是白色的，要将其放入染缸染色多次，通常深蓝色、暗红色的植物染料居多，如果加入一些草木灰，可使其颜色更深。经过浸染、晾晒的次数越多，布料纹理越紧密，光泽度越亮。然后，要涂上蛋清并经几番捶打。仅染色、捶打这个过程就需要历时约11个月。在这个过程中要不断检查布料的质量，最后根据需要量体裁衣。侗族服装从着装对象来分，可分为男装、女装和童装三大类。女式服装不仅需要裁剪服装样式，还需要在衣服各个部位绣上复杂的侗绣和银饰。

一、廓形

（一）上衣

侗族男式上衣廓形为"T"形，即上大下小的外形结构，对开襟，7～9粒盘扣，4个贴口袋，连肩袖，左右侧开衩（图2-1-1）。

图2-1-1　侗族男式上衣款式

（二）裤装

侗族男式裤装，整体结构宽松，线条平直，腰头宽博，系带，方便穿着。面料采用手织布料，朴素自然（图2-1-2）。

二、局部部件

侗族男式服装的局部部件主要包括衣领、衣袖、门襟等。

（一）衣领

侗族男式服装的衣领造型通常为立领（图2-1-3）。

裤腰带

绑脚带

图2-1-2　侗族男式裤装款式

（二）衣袖

侗族男式服装的衣袖造型通常为连肩平袖（图2-1-4）。

图2-1-3 侗族男式服装——立领

图2-1-4 侗族男式服装——连肩平袖

（三）门襟

侗族男式服装的门襟造型大多为对开襟（图2-1-5）。对襟衣的纽扣多为布扣，随着年龄的不同，扣子的颗数均不同。

图2-1-5 侗族男式服装——对开襟

任务活动

（1）查找网络、书籍资料，调研了解侗族男装款式造型特征。

（2）收集侗族男装款式图片，分析总结侗族男装造型结构的艺术表现特点。

任务二 侗族女装款式造型

任务导入

在了解侗族服饰文化的基础上对侗族女式服装款式造型进行分析。民族服饰配套穿着讲究"取长补短"，有主有次，内衣与外衣的配合"互为补缺"，广西侗族女子的裙装样式也呈现了上下长短和内外宽紧等多种对比关系。清代《柳州府志》中记载三江侗族女子"裙最短，露其膝"。大襟长衫长及腿部，与下装的百褶短裙形成长与短的强烈对比；长衫不系带，开敞穿着，与内搭的衣兜呈现宽松与紧贴的对比效果；另外，百褶短裙的褶裥与上衣的平整也形成动与静的对比美。同时，穿着方式也蕴含着暴露和含蓄的对比关系。例如，贴身衣兜的裸露和外衫的遮掩、露腿的及膝短裙与小腿上紧扎的裹腿等形成多重对比，使服饰的搭配充满变化，体现了女性婀娜多姿的体态美感。

一、廓形

由于地处山区，交通不便，南部侗族地区至今仍保持着较为古老的裙装。南侗善绣，服饰极为精美。女子穿无领大襟衣，衣襟和袖口镶有精细的马尾绣片。图案以龙凤为主，间以水云纹、花草纹。下着百褶裙，脚蹬翘头花鞋。

（一）上衣

侗族女式上衣廓形通常为"A"形，即上小下大的外形结构。外衣为对开襟或侧开襟、连肩袖、左右侧开衩，内搭菱形围兜，富有节奏感和连续性，大小、渐变、长短、明暗、形状、高低等的变化在视觉上形成了丰富而有趣味的反复与交替（图2-2-1、图2-2-2）。

（二）裙子

广西侗族女子穿裙装较多，常见的女裙有百褶裙、羽毛帘裙和流苏凤尾裙。

图2-2-1　侗族女式对开襟上衣

图2-2-2　侗族菱形围兜

1.百褶裙

百褶裙为纯手工制作，工序较为复杂。先将土布染色后用针缝好裙边，接着用自制的定型胶打褶，褶子有粗有细，老年人穿粗褶，年轻人穿细褶。打完褶后，将布晒干，继续进行染色。一条裙子通常需要将近一个月的时间才能制作完成。这样制作的百褶裙定型性好，褶子规整，走动时具有起伏摇摆的韵律感（图2-2-3）。

图2-2-3 侗族百褶裙

图2-2-4 侗族流苏凤尾裙

2.流苏凤尾裙

流苏凤尾裙通常在盛装时穿着，围系在腰间，在黑紫色百褶裙的衬托下，条状花带色彩明艳，随风飘舞，富有动感（图2-2-4）。

3.羽毛帘裙

羽毛帘裙通常也是在节日盛装时穿着，围系在腰间，在黑色百褶裙的衬托下，条状花带下悬挂着的白色或彩色羽毛，随风飘舞，十分飘逸（图2-2-5）。

图2-2-5 侗族羽毛帘裙

二、局部部件

侗族服饰的局部设计突出侗绣服饰的精美图案，在衣领、门襟、袖口和衣摆上面都有所表现。

（一）衣领

侗族女式服装的衣领通常为无领，根据领口形状，又可细分为"V"字领（图2-2-6）和圆领（图2-2-7）。

图2-2-6　侗族女式服装——"V"字领

图2-2-7　侗族女式服装——圆领

（二）衣袖

侗族女式服装的衣袖造型基本上都是连肩平袖（图2-2-8）。根据衣袖的长度，可分为中袖和长袖。

（三）门襟

侗族女式上衣的门襟主要有对开襟（图2-2-9）、左衽开襟（图2-2-10）和右衽开襟（图2-2-11）三种类型。

图2-2-8 连肩平袖

图2-2-9 侗族对开襟女式服装

图2-2-10 侗族左衽开襟女式服装

图2-2-11 侗族右衽开襟女式服装

任务活动

（1）查找网络、书籍资料，调研了解侗族女装款式造型特征。

（2）收集侗族女装款式图片，分析总结侗族女装造型结构的艺术表现特点。

任务三 侗族服饰品设计

任务导入

服饰品是侗族服饰的重要组成部分。侗族服饰品种类众多，制作精美，寓意丰富。常见的侗族服饰品有头饰、胸饰、耳饰、荷包、绣花鞋、背带盖等。

一、头饰

头饰和银饰是侗族妇女最讲究的装饰品。银饰中的花束头饰，在发冠上装饰各色绒球的银质花簪，象征五谷丰登，点、线、面组合的形式重复但不刻板（图2-3-1）；银冠式的发冠在帽子周围装饰有空心喇叭状铃铛，排列整齐，具有动态的韵律美（图2-3-2）。

图2-3-1 侗族女式花束头饰

图2-3-2 侗族女式头饰——银帽子

二、胸饰

侗族银吊牌整体呈半圆形结构，下坠锥形银吊坠，主体采用錾刻工艺，中心饰有麒麟状神兽，作回首状，尾部上翘，造型遒劲有力，四周以卷草纹为底纹，和谐生动（图2-3-3）。

三、项饰

一个象征太阳的银质圆盘式项圈，下面缀有一个光芒四射的小太阳，周围装饰着一些菱形银片、花草及铃铛等（图2-3-4）。

图2-3-3　侗族银吊牌　　　　　　　　　　　图2-3-4　侗族银质圆盘式项圈

四、耳饰

悬挂在耳垂下的饰品，夸张、独特，造型简洁，突出侗族图案纹样，起到衬托服装的装饰作用（图2-3-5、图2-3-6）。

图2-3-5　侗族女式"O"形卷纹银耳饰　　　　图2-3-6　侗族灯笼形银耳饰

五、侗族荷包

荷包是侗族男士用来搭配服装的常见定情饰品，造型简洁，图案精美，大多以花鸟为主要纹样。它是侗族男女爱情的见证（图2-3-7）。

图2-3-7　侗族荷包

六、绣花鞋

侗族绣花鞋，春、夏、秋、冬四季皆有，花形多以吉祥物纹样为主，花鸟喜庆图案居多，色彩艳丽，对比强烈（图2-3-8、图2-3-9）。

图2-3-8　侗族绣花凉鞋

图2-3-9　侗族绣花布鞋

七、背扇

侗族刺绣——背扇是侗族妇女用来背婴儿的专用饰品。精美的绣花图案、饱满而富有寓意的适合纹样，表现了侗族妇女对儿女的深情厚爱（图2-3-10）。

图2-3-10　侗族婴儿背扇

任务活动

（1）收集侗族服饰品款式，认真分析其造型特点。

（2）描述记录各种侗族服饰品款式造型，研究其表现意义。

·项目实训内容·

（1）绘制侗族男装日常装款式图2～4款。

（2）灵活运用侗族传统男装款式造型创新设计具有时尚感的民族风男装。

（3）绘制侗族女装节日装款式图2～4款。

（4）灵活运用侗族传统女装款式造型创新设计具有时尚感的民族风女装。

（5）欣赏侗族服饰品，进行造型、图案、色彩分析和研究。

（6）进行侗族服饰品创意设计，绘制10款现代民族风服饰品款式图。

✳ 项目三　侗族元素融入现代服饰创新设计

相关知识

　　侗族图案元素融入现代服饰创新设计，侗族服饰结构、风格、织染绣技艺、色彩、银饰、褶皱等元素融入现代服饰创新设计，创新系列服饰设计。

◆◆◆ 任务一　侗族图案元素融入现代服饰创新设计

任务导入

　　在服装的装饰方面，图案是侗族人民运用较多的装饰方式之一。主要装饰在衣服的门襟、下摆、袖口、侧缝开衩、胸兜、绑腿等处，与现代时尚服装有许多相似之处。三江侗族妇女在服饰上绣龙雕凤，使自然界中各种美好的花草鸟兽图案都生动地在服饰上再现。这样的图案装饰在现代服饰中依然别有韵味。

　　侗族服饰图案造型优美，质朴纯真，是侗族历史文化积淀的优秀产物，有着厚重的艺术价值，可以为现代服装设计起到很好的借鉴作用。本任务通过对侗族服饰图案的形、色、质、构的分析，结合图案背后的文化寓意，尝试设计符合现代时尚审美的服装作品。

图3-1-1　侗族图案融入现代服饰设计1

设计构想

　　本设计灵感来源于侗族图案里的太阳纹。太阳纹与凤凰鸟交相辉映，衣襟为左衽斜开襟，前短后长侧开衩的设计令马甲既时尚又富有民族气息。

图3-1-2　侗族图案融入现代服饰设计2

设计构想

　　本款服装设计灵感来源于侗族刺绣荷包图案。款式造型轻松、简洁、休闲、活泼，与斑斓的色彩形成强烈的对比，民族气息浓郁，具有强烈的视觉冲击力。

　　图案设计以侗绣花卉图案、几何图形为主，静中有动，动中求稳，在服装构成设计上更显民族特色。

图3-1-3　侗族图案融入现代服饰设计3

设计构想

　　本设计灵感来源于侗族服饰艺术。中国旗袍的造型与侗族服饰色彩相结合，加之西装领的造型设计，多元化的完美碰撞使本款服装呈现稳健、个性又充满艺术气息的整体特点。

　　以侗族刺绣图案点缀，并巧妙结合蜡染图案，为整套服装增添了亮点，从而使这款服装更加具有民族气息。

任务活动

（1）深入了解侗族图案元素在现代服装设计中的运用。

（2）运用侗族图案设计2～3套现代服饰款式，并用款式图表现。

任务二 侗族服饰元素融入现代服饰创新设计

任务导入

作为侗族文化最直观的外在表现形式——侗族服饰，其制作工艺、装饰风格、色彩、图案以及服饰造型等是侗族人民审美心理在服饰上的体现，也是侗族人民审美心理最直观的表现形式之一。这些丰富的服饰元素都可以被借鉴和利用，也是现代服饰创新设计的源泉。充分借鉴侗族服饰的文化表现、造型表现、图案表现，将侗族服饰结构、风格、织染绣技艺、色彩、银饰、褶皱等元素融入现代服饰设计，既能够充分表现民族元素、体现民族文化内涵，又能够实现侗族服饰与现代流行元素的融合，符合现代人的审美心理。

一、侗族服饰结构融入现代服饰设计

广西侗族女子服饰中对称均衡的廓形可作为现代设计的应用元素，包括对称式对襟镶边长衫、菱形的衣兜等，极具民族特色。在具体的设计方式上，常见的是把对襟镶边长衫进行改良，在领型、袖型、下摆等局部采用现代款式的设计，与现代流行元素进行融合。例如，袖型的抽褶处理，剪短并收窄衣下摆，既突出了民族风格，又符合现代人的生活潮流。菱形的衣兜也是现代民族风设计的典型元素，提取菱形的几何形态，作为现代服装的廓形，可应用于裙装、T恤的设计，或与现代服饰进行混搭，具有强烈的矛盾性和视觉冲击效果，表达鲜明的个性。

案例1：《偶·遇》

图3-2-1　教师创新民族风服装作品《偶·遇》
（荣获2016年广西工艺美术作品展"八桂天工"铜奖　设计制作：陈美娟、陶静、谢建强）

设计构想

　　对传统文化和后现代社会多元化的思考，对侗族艺术新材料再造等制作工艺的创新，给服装款式设计增添异彩。创新民族风服装作品《偶·遇》的设计灵感来源于三江侗族服饰造型与剪纸文化。借鉴侗族剪纸技术，进行夸张修饰，使作品脱颖而出。前卫、时尚的造型款式与民族元素相遇，使整套服饰华贵、风韵、奔放大气，流露出现代民族服饰文化艺术的创新理念。

　　图案以侗族吉祥图——花鸟、稻穗等几何纹样设计组合，构以"五谷丰登，喜事连年"的寓意景象，表现出侗族文化的历史深沉，丰厚底蕴。

案例2：《侗幻》1

图3-2-2　创新民族风服装作品《侗幻》1

设计构想

　　本款服装设计灵感来源于侗族服饰造型设计。宽袖子，大下摆，百褶裙，黑灰色调，图案与侗绣相融合，时尚、潮流、复古、创新，仿佛进入侗族梦幻世界。

案例3：《侗幻》2

《侗幻》

本列服装设计采用广西
侗族款型设计。灰色调
图案以侗绣相结合构
成一幅时尚潮流、复古
创新仿佛进入侗幻世界。

"民族风
时尚装"

图3-2-3　创新民族风服装作品《侗幻》2

设计构想

　　本款服装设计采用广西侗族服饰造型。灰色调，图案与侗绣相结合，构成一幅时尚、潮流、复古、创新的画面，仿佛进入侗族梦幻世界。

案例4：《侗幻》3

图3-2-4　创新民族风服装作品《侗幻》3

图3-2-5　设计元素——侗绣花草图案

设计构想

　　本服装设计采用广西侗族服饰造型设计，黑灰色调，图案与侗绣相结合，构成一幅时尚、潮流、复古、创新的画面，使人仿佛进入了侗族梦幻的奇妙世界。

案例5：《侗歌》

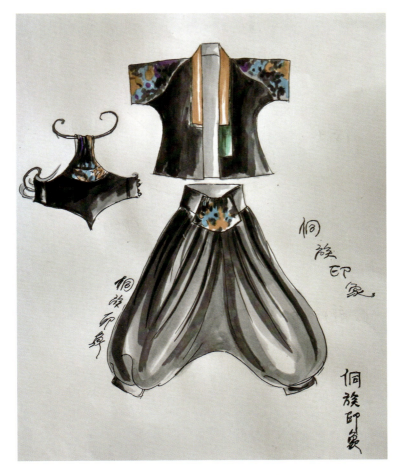

图3-2-6　创新民族风服装作品《侗歌》
（荣获2017年柳州市工艺美术作品展银奖　设计制作：陈美娟、覃丽霞、杨小钦）

设计构想

　　本作品灵感设计来源于侗族服饰文化，作品追求民族传承与创新。作品原创面料采用创新数码针刺热烫技术，以不同质地的羊毛纤维、棉麻针织相互融合，使创作出来的面料更加柔软舒适，更有立体感与层次韵味。作品在色彩和图案上极具特色，黑灰色与褐色相结合，暗香素雅，更显几分侗族情缘。作品在款式设计上采用了中西结合的用法，突破褶皱造型创意表现，谱写了一曲现代"侗歌"新篇章。

案例6：《月光下》

图3-2-7　创新民族风系列服装作品《月光下》

设计构想

　　本系列服装设计运用了侗族服饰元素——褶皱的转换设计，与现代旗袍造型相融合，打造出优雅、现代、时尚、前卫的创意效果。

图3-2-8　设计元素——侗裙褶皱

二、侗族服饰织染绣技艺融入现代服饰设计

侗族刺绣工艺主要用于妇女上衣的衣襟、领襟、袖口、下摆、围兜及绑腿、鞋头，男子的头巾、绑腿，小孩的口水围、鞋帽、背带等花边图案装饰。三江侗族刺绣，不仅在构图和绣法上技艺独特，而且在用色装饰上也有独到之处。侗族妇女善于搭配色调，用色顺序妥当，对比巧妙，并掌握配色规律和色彩的过渡。各种刺绣图案在黑紫色侗布的基础上，主要采用大红、粉红、翠绿、中黄、蓝和白等色彩，其形成的图案画面给人以热烈而又古朴的感觉，表现出三江侗族人民的独特气质风貌与审美。

案例1：《侗绣民韵》

图3-2-9　创新民族风服装作品《侗绣民韵》

设计构想

本服装设计采用了广西侗族图案中侗绣与水洗牛仔面料相结合，使广西侗族文化与西方文化相融合，展现了现代时尚的艺术魅力。

图3-2-10 侗族刺绣在现代服装上的运用——《侗乡风尚》
（设计者：郑洁姗、唐嘉琪、李思丽 指导教师：陈美娟、黄柳琴）

案例2：《侗乡风尚》

设计构想

　　本款服装以侗族服饰背扇造型为设计元素，菱形结构打破了中规中矩"方中有圆、圆中见方"的呆板形式，带有几分民族夸张艺术，蓝白民族色彩相配，醒目、自然，侗绣与侗锦相结合，更显民族艺术风情。

三、侗族服饰色彩融入现代服饰设计

在日常生活中，三江侗族服饰运用得最多最广泛的就是黑紫色、蓝色、白色等这样一些沉稳自然的色彩。需要绣花拼布点缀时，往往用色彩最为朴素的黑紫色打底，然后在门襟、袖口、下摆、鞋头等处搭配色彩艳丽的大红色、桃红色、紫红色、粉绿色、黄绿色和柠檬黄等色彩，或点缀或以大面积地穿插在服饰当中，这样就与色彩稳重的黑紫色主色形成了既对比又和谐的美感。在门襟、下摆和袖口等处的装饰色彩对比强烈，搭配和谐，美丽自然。这些在现代服饰设计中常有体现。

案例：《漫花蝶舞》

图3-2-11　学生创新民族风系列服装作品《漫花蝶舞》

（设计者：杨玉春、杨莱花、杨娟梅　指导教师：陈美娟、杨小钦）

设计构想

本系列服装设计灵感来源于广西侗族服饰。服装蓝白色彩搭配更显娴熟与优雅，款式造型与现代服饰相结合，朴实、诱人，在服装衣领、衣袖、裙摆等部位运用侗绣、侗锦设计，更显亲切、贴心。广西三江素有"美丽侗乡"之称，借鉴侗族元素给服装增添了魅力。

四、侗族服饰银饰融入现代服饰设计

服装上的装饰品是装饰艺术的直接反映。银饰是侗族传统装饰的精华，凝聚着侗家人的审美取向。侗族姑娘满身的银饰部件形态各异，有的轻柔如棉，有的锐利似匕首，有的圆若玉珠，有的粗壮挺拔，有的小巧玲珑，在现代服饰设计中，可大胆融入银饰元素，充分展现银饰的材质美。

案例：《侗韵》

图3-2-12　教师创新民族风服装作品《侗韵》
（荣获柳州市教育系统女教师旗袍秀比赛一等奖　设计制作：秦怡婷、姜婕、陶静）

设计构想

作品将侗族银饰组合成美丽的图案，缝制到白色旗袍上，用粉红色花瓣加以点缀，带入爱情色彩，营造出高贵、优雅的韵味而又不失侗族服饰的风采，是侗族服饰元素与中国女性国服的一次大胆结合，和谐而美丽。

任务活动

（1）深入了解侗族服饰元素在现代服装设计中的运用。

（2）运用侗族服饰元素设计2～3套现代服饰款式，用款式图表现。

知识拓展

时尚元素与三江侗族服饰的不期而遇

　　三江侗族的着装方式具有传统的民族特色，在看似不经意的穿着搭配中蕴含着与现代服装设计极为相似的元素。例如，包缠是三江侗族着装方式的一大特点，常用在头部、腰部和腿部，除了装饰效果，它与现代服饰中头饰、饰带等包缠手段一样，起到强调服装的整体风格和视觉造型的作用，发挥其审美功用。再如，侗族女服中的开襟外套与时尚圈中长盛不衰的开襟外套在某种程度上也有许多契合之处。

任务三　创新系列服饰设计

任务导入

　　随着国际时装界中国风的流行，我国民族服饰元素特有的民族风格成为服装设计师们创作灵感的源泉。我国各民族在服饰元素上都有着自己独特的特点和民族风情，将民族服饰元素与现代服装设计相融合，不仅在服装外形上实现了创新，而且也为整个服装设计领域开辟了新的发展道路。在经济文化迅猛发展的今天，我国的服装设计行业逐渐成熟，中国风的服装设计在国际服装界已经产生了不小的影响。在此，笔者结合创新系列服饰设计作品，简要探讨现代服装设计领域民族服饰元素的融合思路。

　　系列服装是指那些具有共同鲜明风格、在整个风格系列中每套各有特色的服装，它们多是根据某一主题而设计制作的具有相同元素而又多数量、多件套的独立作品或产品。每一系列服装在多元素组合中表现出很强的次序性，具有和谐的美感。

　　服装是款式、色彩、材料的统一体，这三者之间的协调组合是一个综合运用关系。在进行两套以上服装设计时，用侗族的形色质三方面元素去贯穿不同的设计，在三者之间寻找某种关联性，这就是侗族创新系列服饰设计。

一、创新系列服装设计

案例1：《侗绣民韵》

图3-3-1　创新民族风系列服装作品《侗绣民韵》

设计构想

本系列服装设计采用了广西侗族图案与水洗牛仔面料相结合，展现了广西侗族文化与西方文化的融合，构成了现代时尚的艺术魅力。

图3-3-2　设计元素——侗绣花草图案

案例2：《仙界》

图3-3-3　创新民族风系列服装作品《仙界》

图3-3-4　设计元素——侗族太阳纹图案

设计构想

　　侗族人民向往光明，本系列服装设计以侗族图案——太阳纹图案为设计元素，结合现代长袍款式构成设计，天仙、神话、完美、创新，是现代服饰的最佳去处。

案例3：《奇缘》

图3-3-5　创新民族风系列服装作品《奇缘》

图3-3-6　设计元素——侗锦图案

设计构想

　　本款服装设计以西方的青果领与东方的立领相结合，正装、休闲装与民族元素侗锦融为一体，用节奏、层次感控制整个系列设计达到和谐统一，在色彩上采用亮白色衬托出侗锦的艳丽与华贵。

案例4：《锦鲤花》

图 3-3-7　学生创新民族风系列服装作品《锦鲤花》
（设计者：莫筱玲、宋柳艺、吴静伊　指导教师：陈美娟、杨小钦）

设计构想

　　"美的世界、美的传奇"，本系列创新民族风服装设计灵感来源于海底世界"锦鲤之花"。优美轻盈的主旋律，像一曲曲变奏的交响乐，抒情、典雅、浪漫；又似一篇篇优雅浪漫的童话故事，款式造型典型、大方，温文尔雅，更带有几分民族艺术特色。

案例5：《涂山传奇·女娇》

图3-3-8　学生创新民族风系列服装作品《涂山传奇·女娇》
（设计者：贾春枝、杨柳柳、贾春柳　指导教师：陈美娟、韩晶、谢建强）

设计构想

　　本系列服装灵感来源于古典汉服。合体收身的款式造型，古朴典雅，大方美丽；简洁精致的绣花图案，矫健、明媚。红、黑、绿等民族色彩与现代时尚的款式造型产生碰撞，构成一篇篇完美的神话传奇。

案例6：《花开季节》

图3-3-9　学生创新民族风系列服装作品《花开季节》
（设计者：贾春枝、杨柳柳、贾春柳　指导教师：陈美娟、韩晶、谢建强）

设计构想

　　这是一组具有民族时尚风格的艺术服装，灵感来源于侗族服饰文化——侗绣。与中国各民族文化艺术相融合，立领、盘扣、大下摆与现代服装款式相融合；大胆地采用龙凤图案作为点缀，加以面料拼接，华贵与自信中透露出一丝狂野，具有独特的艺术魅力；红、黄、蓝、绿等高纯度色彩搭配，更体现出了民族服饰的艳丽多姿。

二、创新系列服饰品设计

案例1：《溯源》

图3-3-10　创新民族风系列作品《溯源》

（荣获2016年广西壮族自治区工艺美术作品展"八桂天工"铜奖　设计者：陈美娟、韦清花、宁方方）

设计构想

　　本设计为金属刺绣品种类别，使用材质为仿金属与侗绣组合，紫荆花变形图案与龙鸟吉祥造型点缀，针线缝制，纯手工工艺制作，华丽精致。

寓意：

（1）龙跃紫荆——龙城紫荆花海、蒸蒸日上、喜气洋洋。

（2）花鸟吉祥——生命生生不息、健康成长、兴旺发达。

案例2：《五行·合》

图3-3-11　创新民族风系列作品《五行·合》
（荣获2016年柳州市工艺美术作品展铜奖　设计者：宁方方、陈美娟、蔡玲燕）

设计构想

　　本设计使用金属银与绣线组合，纯手工工艺制作。天上的浮云、地上的流水、连绵的山峦，自然无拘束，五行循环生生不息，周而复始是为合，纹理蕴含和谐、包容之意。

任务活动

　　（1）把握民族服饰的总体特征，认识和体验现代服饰中所表现的民族特色和艺术韵味。

　　（2）研究民族服饰造型，获取民族服饰灵感，设计对称式廓形系列现代服装。

·项目实训内容·

　　（1）鉴赏现代时尚服饰中侗族图案的应用。

　　（2）将侗族图案运用到现代时尚服饰设计中，绘制服装效果图1张。

　　（3）赏识和品鉴现代时尚服饰中侗族服饰元素的应用。

　　（4）将侗族服饰结构、风格、织染绣技艺、色彩、银饰、褶皱等元素运用到现代时尚服饰设计中，绘制服装效果图各1张。

　　（5）将侗族元素融入现代服饰创作，设计一系列现代时尚民族风服饰品。

制 作 篇

学习目标：

- · 了解传统侗族服饰的结构特征。
- · 掌握侗族服饰款式结构设计与缝制。
- · 掌握创新民族风服饰结构设计与缝制。

参考学时： 25学时。

项目四　传统侗族服饰款式制作

任务一　侗族女装款式结构制图

任务导入

　　本任务以广西三江侗族自治县传统女式服装——对襟裙装为例，深入讲解侗族女装款式结构制图。上装为对襟式宽松女上衣和菱形小围兜，下装为百褶裙。衣领、门襟和衣下摆装饰有精美别致的侗绣图案，展示了侗族传统女装独有的秀丽风格；袖口处间隔着艳丽的缎子面料，增加了几分色彩；内衣小围兜设计为菱形，领口处间隔着侗绣与艳丽的缎子面料，对于上衣的整体效果起到了画龙点睛的作用。侗裙的款式设计为大圆摆百褶裙结构，硬挺的褶皱表现出自然的层次与立体感，与上衣搭配组合更显律动感。

一、侗族女式上衣款式结构制图

1. 侗族女式上衣款式图

传统侗族女式上衣的款式图，如图4-1-1、图4-1-2所示。

图4-1-1　传统侗族女式上衣款式图1

上衣里的围兜

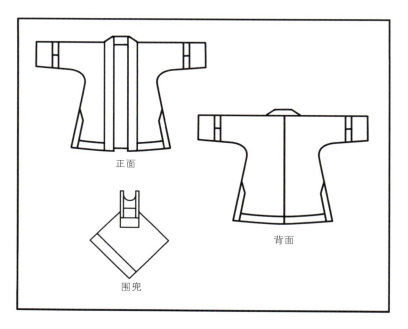

正面

背面

围兜

图4-1-2　传统侗族女式上衣款式图2

2. 制图规格

传统侗族女式上衣制图规格（以165/84A的号型为例），如表4-1-1所示。

表4-1-1　传统侗族女式上衣制图规格

单位：厘米

部位	胸围	前衣长	后衣长	插肩袖长	衣摆围
规格	84	73	70	54	130

3. 结构制图

传统侗族女式上衣结构制图，如图4-1-3、图4-1-4所示。

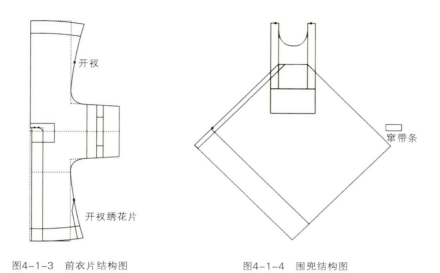

图4-1-3　前衣片结构图　　　　　　　图4-1-4　围兜结构图

4. 放缝示意图

传统侗族女式上衣放缝示意图，如图4-1-5、图4-1-6所示。

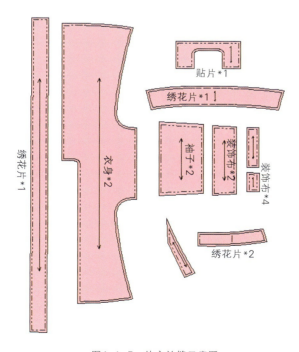

图4-1-5　外衣放缝示意图

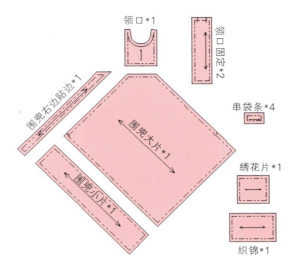

图4-1-6 围兜放缝示意图

5. 排料示意图

传统侗族女式上衣排料示意图，如图4-1-7所示。

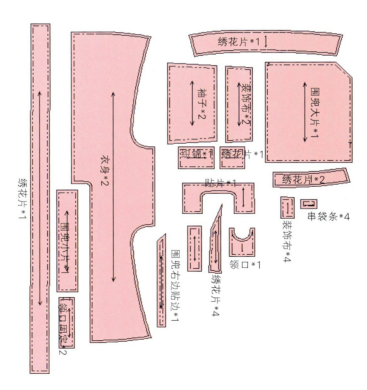

图4-1-7 传统侗族女式上衣排料示意图

二、侗族女裙款式结构制图

1. 侗族女裙款式图

侗族女裙款式图，如图4-1-8所示。

图4-1-8　侗族女裙款式图

2. 制图规格

侗族女裙制图规格，如表4-1-2所示。

表4-1-2　侗族女裙制图规格

单位：厘米

部位	裙长	腰围	腰头高
规格	60	70	1

3. 结构制图

侗族女裙结构制图，如图4-1-9所示。

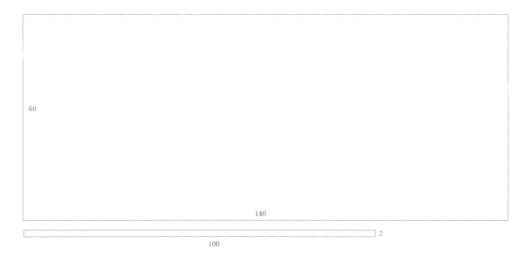

图4-1-9　侗族女裙结构制图

4. 放缝示意图

侗族女裙放缝示意图，如图4-1-10所示。

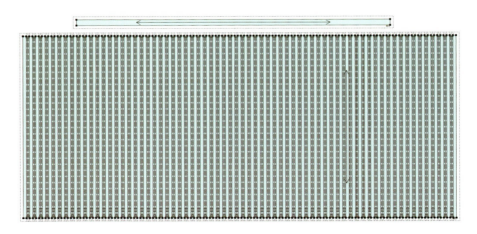

图4-1-10　侗族女裙放缝示意图

5. 排料示意图

侗族女裙排料示意图，如图4-1-11所示。

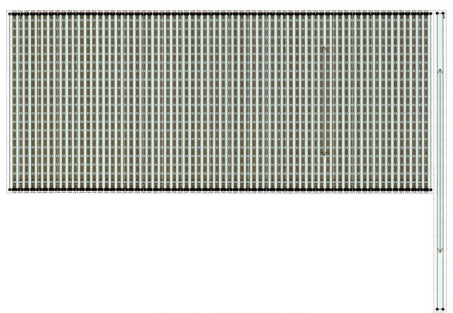

图4-1-11　侗族女裙排料示意图

任务活动

（1）了解侗族女装款式结构工艺。

（2）掌握侗族女装款式结构制图方法。

任务二 侗族男装款式结构制图

任务导入

在侗族地区，男子多穿对襟短衣和大筒便裤，包头帕，具有地方特点。整体来说，大部分侗族地区的男式日常便装已与汉族服装无太大区别。一些古老的穿着样式在部分地区已逐渐被淘汰，人们只是在年节喜庆时才穿戴盛装。

一、侗族男式上衣款式结构制图

1. 侗族男式上衣款式图

侗族男式上衣款式图，如图4-2-1所示。

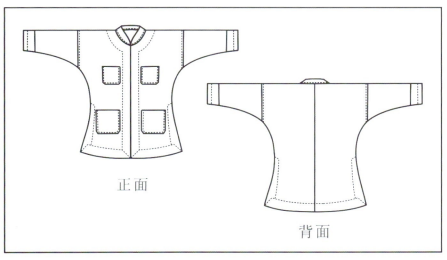

图4-2-1 侗族男式上衣款式图

2. 制图规格

侗族男式上衣制图规格（以170/92A的号型为例），如表4-2-1所示。

表4-2-1 侗族男式上衣制图规格

单位：厘米

部位	衣长	胸围	肩宽	领围	袖长
规格	69	102	46	39	69

3. 结构制图

侗族男式上衣结构制图，如图4-2-2至图4-2-6所示。

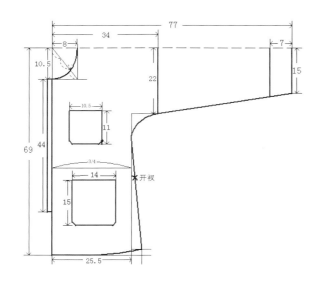

图4-2-2　侗族男式上衣前片结构图

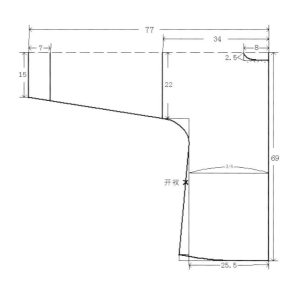

图4-2-3　侗族男式上衣后片结构图

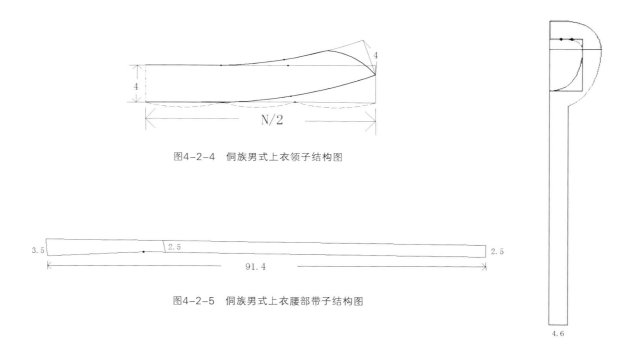

图4-2-4　侗族男式上衣领子结构图

图4-2-5　侗族男式上衣腰部带子结构图

图4-2-6　侗族男式上衣前衣片领贴结构图

4. 放缝示意图

侗族男式上衣放缝示意图，如图4-2-7所示。

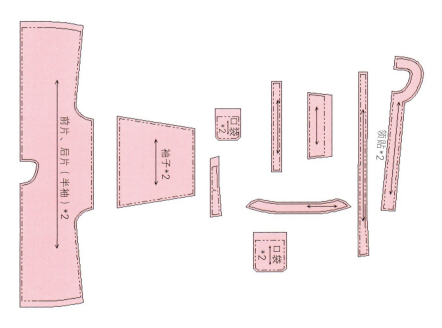

图4-2-7　侗族男式上衣放缝示意图

5. 排料示意图

侗族男式上衣排料示意图，如图4-2-8所示。

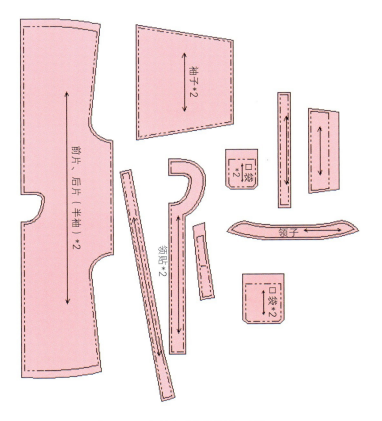

图4-2-8　侗族男式上衣排料示意图

二、侗族男裤款式结构制图

1. 侗族男裤款式图

侗族男裤款式图，如图4-2-9所示。

裤腰带

绑脚带

图4-2-9　侗族男裤款式图

2. 制图规格

侗族男裤制图规格，如表4-2-2所示。

表4-2-2　侗族男裤制图规格

单位：厘米

部位	裤长	腰围	脚口
规格	100	100	26

3. 结构制图

侗族男裤结构制图，如图4-2-10所示。

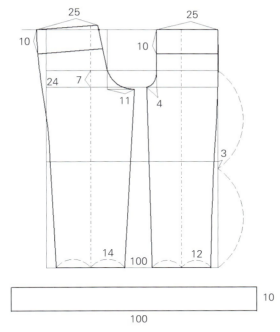

图4-2-10　侗族男裤结构图

4. 放缝示意图

侗族男裤放缝示意图，如图4-2-11所示。

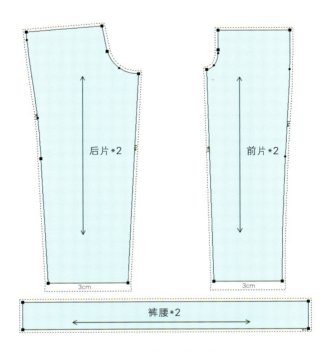

图4-2-11　侗族男裤放缝示意图

5. 排料示意图

侗族男裤排料示意图，如图4-2-12所示。

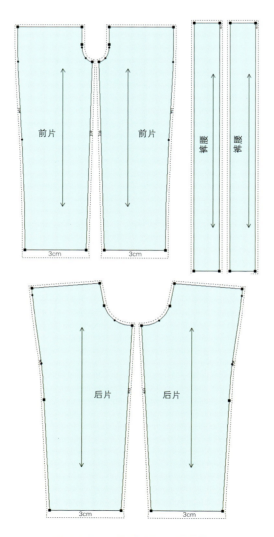

图4-2-12　侗族男裤排料示意图

任务活动

（1）了解侗族男装款式结构工艺。

（2）掌握侗族男装款式结构制图方法。

◈◈◈ 任务三　侗族女装款式工艺制作

任务导入

　　侗族女装制作工艺有着深刻的地域民族特性，是服装设计专业学生学习服装制作工艺的天然教科书。本任务以侗族典型传统上衣和百褶裙为实例，对其主要制作工艺展开讲解和实训，旨在加强学生对侗族传统服饰制作工艺和手法的理解，加强其对工艺细节的领悟，提高学生的动脑和动手能力。

一、传统侗族女式上衣的制作

（一）外衣的制作

1. 缝制拼接袖口绣片和花边

将修剪好的侗绣绣片与花边按顺序排列好，缝制在上衣的袖口处（图4-3-1）。

图4-3-1　缝制拼接袖口绣片和花边

微课视频

图4-3-2　拼接好的领子、门襟绣片

2. 缝制拼接领子、门襟处绣片和花边

将侗绣绣片和侗锦花边摆放到适当的位置，缉缝拼接成长条，领子处于中部相互对折，找出后领中点（图4-3-2）。

3. 拼接侧缝衣角、下摆处的绣片和花边

将侗绣绣片和侗锦花边拼接在上衣的下摆以及侧缝衣角处，缉缝线为0.1厘米，绣片宽度为5厘米（图4-3-3至图4-3-5）。

图4-3-3　拼接下摆的绣片和花边

图4-3-4　缝制侧缝衣角和下摆的绣片

图4-3-5　拼接好的侧缝衣角、下摆

4. 缝合侧缝、下摆

将上衣的左、右侧缝缝合，缉缝止口为1厘米。同时将衣袖缝合（图4-3-6）。

5. 开领口，拼接领子、门襟绣片

开领口，缝制门襟。将上衣左右对折，找出领口横开领的位置，将衣片剪开大约5厘米，然后将绣片拼接到门襟和领子处（图4-3-7）。

图4-3-6　缝合上衣侧缝、下摆 　　　　　　　　　图4-3-7　开领口，缝制门襟

6. 制作完成的外衣

领子、门襟、侧缝衣角、袖口处呈现图案对称、色彩对称、花边绣片对称的特点（图4-3-8）。

图4-3-8　制作完成的外衣

（二）肚兜的制作

1. 选择绣片、花边和底布

选择适当的侗绣绣片、侗锦花边和肚兜底布，以图案对称、色彩对称的方式将其摆放到最佳位置（图4-3-9）。

图4-3-9　选择绣片、花边和底布

2. 缝制拼接绣片、花边

在选好的肚兜底布上缝制拼接绣片和花边，然后沿边包卷白色领口布条，缉缝止口0.1厘米（图4-3-10）。

3. 拼接肚兜底布

将拼接好的绣片缝制到肚兜外形底布上，明缉缝止口线0.1厘米（图4-3-11）。

图4-3-10　缝制拼接绣片、花边

图4-3-11　拼接肚兜底布

4. 调整绣片，明缉止口线

在绣片边缘固定明缉线，止口为0.1厘米，调整线迹，平、直，线迹自然、流畅（图4-3-12）。

5. 整体整烫肚兜

先将缝制好的肚兜在局部细节处加以整烫平整，然后再将整体包括边缘整烫平整（图4-3-13）。

图4-3-12　调整绣片，明缉止口线　　　　　　　　图4-3-13　整体整烫肚兜

6. 制作完成的肚兜

图案花边排列有序，造型简练、对称，领口处突出款式特点（图4-3-14）。

图4-3-14　制作完成的肚兜

二、侗裙的制作

1. 缉裙摆

卷0.2厘米的裙边。

2. 格条

把裙片放在平坦的桌面上，用较粗的手缝针从左向右按照纱线的走势划出痕迹，然后按照痕迹折叠，翻转裙片，在同一痕迹处再用手缝针从左向右再次划出痕迹，同样用手折叠，完成一条褶皱痕迹（图4-3-15）。

间隔4条纱线重复以上动作，完成所有的褶皱痕迹。

3. 褶条

将裙片放置在桌子边缘，从裙腰处开始推出褶条，双手大拇指固定在桌子边缘的下方，其余四指间隔1厘米，食指指腹平放在裙片上，中指均匀按住约4个划痕，松开食指，然后食指、中指和无名指同时均匀用力向桌子边缘推动，推至桌子边缘停住，用食指指腹固定住推出来的褶皱（图4-3-16）。

重复以上步骤，直至裙腰处的褶皱完成，再平移向下开始下一部分褶皱的制作，直到整个裙片都形成均匀的褶皱。整个裙片需要褶条3次。

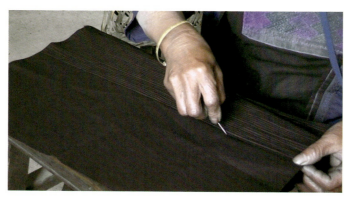

图4-3-15　侗裙制作——格条

图4-3-16　侗裙制作——褶条

4. 固定褶条

选用长度约60厘米、直径为15～20厘米的竹筒，制成宽度约15厘米的竹板。采摘成熟的蒲草叶子，清洗干净，晒干，用于捆绑固定褶皱。采摘宽度为12～15厘米的竹叶，清洗干净，晒干，修剪成长度为10厘米的叶片。将竹板放置在膝盖上，麻绳穿过竹板，套住脚掌，用脚掌踩住麻绳，固定好竹板。在距离竹板顶端边缘约5厘米处放置竹叶片，把裙片放置在竹叶片上，左手压住裙片的上端，右手拇指放置在竹板边缘下方，右手食指、中指和无名指指腹平放在褶皱上，压4～6个褶皱，向竹板边缘推，然后用右手食指固定住推好的褶皱，再将中指和无名指指腹平放在褶皱上。重复以上动作，直至所有的褶皱都固定在竹板上。撕开蒲草的叶子，从叶脉处一分为二，在裙腰1厘米处环绕固定，保持褶皱的均匀，蒲草两端在竹板下捻合，把多余的蒲草向下端放置，用左手暂时固定。在距离第一个蒲草固定点下端约5厘米的位置再次用蒲草固定。重复以上步骤，直到整个裙片都固定在竹板上。依次将所需的裙片全部固定在竹板上。大约需要固定8个月的时间才可以将裙片拆下来（图4-3-17）。

5. 拼合裙片

根据腰围确定裙片的数量，将所需的裙片全部拼合（图4-3-18）。成年女性的裙子需要8片裙片拼合，儿童的裙子需要4片裙片拼合。

图4-3-17　侗裙制作——固定褶条

图4-3-18　制作好的侗裙

任务活动

（1）了解侗族女装款式制作工艺。

（2）掌握侗族女装款式制作方法。

任务四　侗族男装款式工艺制作

任务导入

　　侗族男子服饰装饰较少，线条平直，造型简洁，有着独特的美感。本任务选取侗族传统男上衣和男裤作为实际案例，对其制作工艺和手法进行概括分析，旨在加强学生对传统侗族男子服饰的理解，明晰侗族男子服饰的制作流程和特点，加强其对工艺细节的领悟，提高学生的动脑和动手能力。

图4-4-1　衣片排料，画定位线

一、侗族男式上衣的制作

（1）衣片排料，画定位线（图4-4-1）。

（2）剪裁衣片（图4-4-2）。

（3）做盘扣（图4-4-3）。

（4）装盘扣（图4-4-4）。

图4-4-2　剪裁衣片

图4-4-3　做盘扣

图4-4-4　装盘扣

（5）制作完成的男式上衣如图4-4-5所示。

图4-4-5　制作完成的侗族男式上衣

二、侗族男裤的制作

（1）剪裁前、后裤片和腰头（图4-4-6、图4-4-7）。

图4-4-6　侗族男裤剪裁

图4-4-7　后裤片剪裁

（2）缝合裤片（图4-4-8）。

（3）制作完成（图4-4-9）。

图4-4-8 缝合裤片

图4-4-9 制作完成的侗族男裤

任务活动

（1）了解侗族男装款式制作工艺。

（2）掌握侗族男装款式制作方法。

·项目实训内容·

（1）运用侗族女装款式结构制图方法，绘制一套侗族女装款式结构制图。

（2）运用侗族男装款式结构制图方法，绘制一套侗族男装款式结构制图。

（3）运用侗族女装款式工艺制作方法，缝制一套侗族女装。

（4）运用侗族男装款式工艺制作方法，缝制一套侗族男装。

（5）通过作品展示、师生评选等活动，提升学生的动手能力。

✤ 项目五　创新侗族服饰款式制作

相关知识

以侗族传统服饰为基础，结合现代创新工艺制作具有现代民族风的服饰款式。

◆◆◆ 任务一　创新民族风女装款式工艺制作

任务导入

　　民族风款式设计，顾名思义就是从少数民族的服饰文化中汲取营养，将民族技艺、民族款式、民族图案等融入到现代设计中。最初民族风出现在时装设计上是在女装领域，而如今民族元素在男装上也层出不穷。民族元素取材于世界各地的少数民族，比如非洲部落、印第安文化、南美洲原住民，当然还有中国的各个少数民族。

　　传统服饰的现实意义来源于创新思维模式下的再创造。本任务以侗族创新民族风女装设计作品《侗歌》的服饰制作工艺为实例，旨在训练学生的创新思维，通过比对侗族传统服饰技艺，加深其对侗族服饰结构和工艺的理解，并积极探索新的表现手法。

一、《侗歌》结构工艺

　　《侗歌》款式分析如下（图5-1-1）。

　　（1）上衣款式为"T"形结构，无领连肩袖，领子、门襟装饰5厘米贴边，衣袖与肩部相连，拼接花色面料。

　　（2）肚兜为菱形结构，尖角下摆，挂脖式系绳带领，后腰部装布包扣。

　　（3）裤子为大哈伦吊裆裤，多褶皱，宽腰头，宽边马蹄裤脚，后腰装拉链。

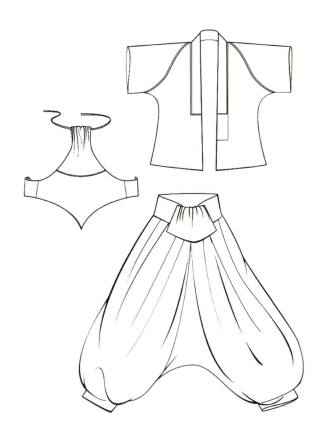

图5-1-1 《侗歌》款式图

二、《侗歌》制作工艺

（1）肚兜结构打版、试版（图5-1-2）。

（2）上衣结构打版、试版（图5-1-3）。

图5-1-2 肚兜打版、试版

图5-1-3 上衣打版、试版

（3）上衣图案拼接（图5-1-4）。

（4）拼接领子，门襟贴边（图5-1-5）。

图5-1-4　拼接图案面料

图5-1-5　缝制衣领，门襟贴边

（5）缝合肚兜包扣（图5-1-6）。

（6）组装服饰配件（图5-1-7）。

图5-1-6　缝合肚兜包扣

图5-1-7　组装服饰配件

（7）制作好的成衣如图5-1-8所示。

（8）《侗歌》着装展示（图5-1-9）。

图5-1-8　制作好的《侗歌》成衣　　　　　　图5-1-9　《侗歌》着装展示

任务活动

（1）了解与掌握创新民族风女装结构工艺。

（2）了解与掌握创新民族风女装制作工艺。

任务二　创新民族风男装款式工艺制作

任务导入

　　传统侗族男子服饰的创新设计独具特色。本任务以侗族创新民族风男装设计作品《侗幻》4（图5-2-1）的服饰制作工艺为例，学生在任务中按侗族男子服饰结构比例建立起框架，通过纸样设计，加深结构与造型关系的理解。通过动手实践，学生还将深刻理解中西服饰板型的区别与融合手法。

图5-2-1　《侗幻》4手绘设计效果图

设计说明

　　本系列服装设计采用广西侗族款式造型，宽袖子、大下摆、哈伦裤，黑灰色调，图案与侗绣相结合，时尚、潮流、复古、创新，仿佛进入侗族梦幻世界。

一、《侗幻》4结构工艺

1. 款式图

《侗幻》4款式图如图5-2-2所示。

图5-2-2 《侗幻》4 款式图

2. 制图规格

《侗幻》4制图规格如表5-2-1所示。

表5-2-1 《侗幻》4制图规格

单位：厘米

部位	衣长	胸围	肩宽	裤长	腰围
规格	72	110	42	100	80

3. 结构制图

（1）背心结构图（图5-2-3、图5-2-4）。

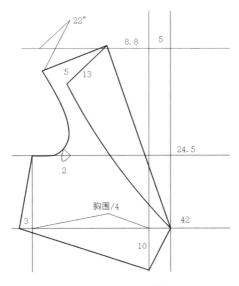

图5-2-3　背心前片结构图

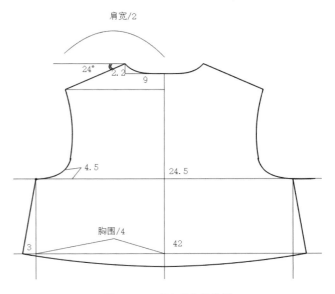

图5-2-4　背心后片结构图

（2）上衣结构图（图5-2-5至图5-2-7）。

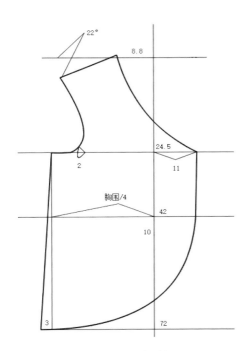

图5-2-5　上衣前片结构图

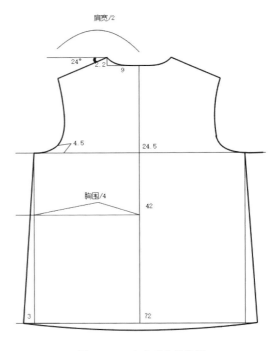

图5-2-6　上衣后片结构图

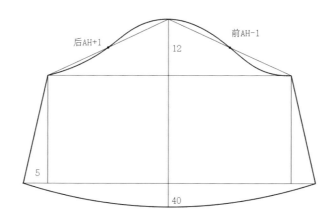

图5-2-7　上衣袖片结构图

（3）裤子结构图（图5-2-8、图5-2-9）。

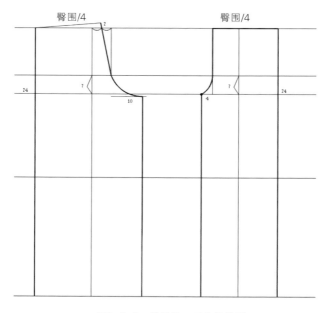

图5-2-8　裤子前、后片结构图

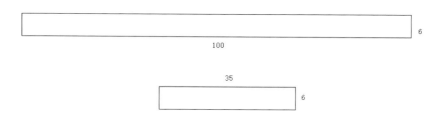

图5-2-9　裤腰、脚口结构图

4. 放缝示意图

《侗幻》4放缝示意图，如图5-2-10至图5-2-12所示。

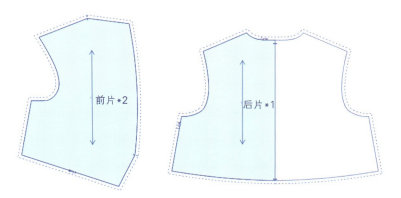

图5-2-10　背心放缝示意图

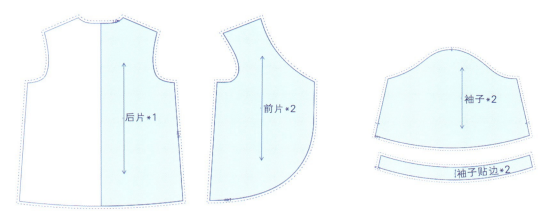

图5-2-11　上衣放缝示意图

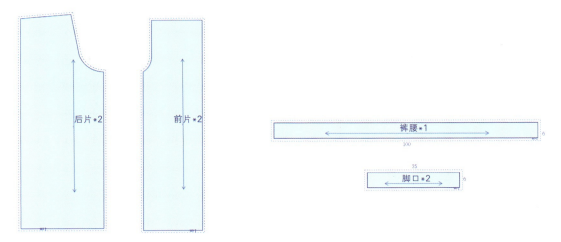

图5-2-12　裤子放缝示意图

5. 排料示意图

《侗幻》4排料如图5-2-13所示。

图5-2-13 上衣排料

二、《侗幻》4制作工艺

（1）缝制衣片（图5-2-14）。

（2）整理绣花片（图5-2-15）。

图5-2-14 缝制衣片

图5-2-15 整理绣花片

（3）拼接裤子腰头（图5-2-16）。

（4）制作完成的《侗幻》4如图5-2-17所示。

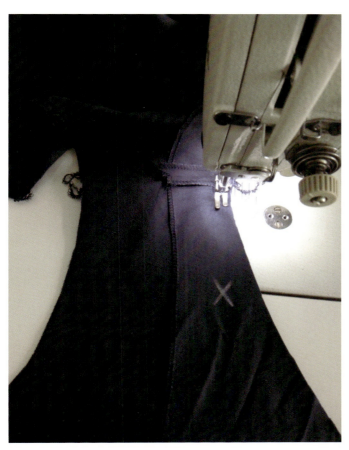

图5-2-16 拼接裤子腰头

图5-2-17 制作完成的《侗幻》4

任务活动

（1）了解与掌握创新民族风男装结构工艺。

（2）了解与掌握创新民族风男装制作工艺。

任务三　创新民族风服饰品工艺制作

任务导入

　　侗族是一个历史悠久的民族，由于受居住地地理环境限制和传统民俗、宗教影响，它与外界交流较少，因此形成了其特有的文化，特别是侗族服饰的审美趣味，至今仍较完整地保留着传统风貌，成为"穿在身上的史书"。在调查、搜集、整理、总结侗族服饰相关资料的基础上，从审美的角度对侗族服饰中的羽毛、银饰、纹样、刺绣等的结构形式、装饰特点、审美艺术等进行分析与介绍，使侗族服饰的装饰艺术更好地融入到现代审美艺术中，并将其创新、与时俱进地运用到现代审美艺术中（图5-3-1）。

图5-3-1　以侗绣为元素的创新民族风项圈、手带

一、创新民族风钱包的结构工艺

1. 款式图

创新民族风钱包款式图如图5-3-2所示。

图5-3-2　钱包款式图

2. 制图规格

创新民族风钱包制图规格如表5-3-1所示。

表5-3-1　创新民族风钱包制图规格

单位：厘米

部位	长	宽
规格	18	10

3. 结构制图

（1）钱包外轮廓结构图（图5-3-3）。

（2）钱包内部结构图（图5-3-4）。

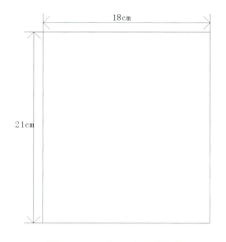

图5-3-3　钱包外轮廓结构图

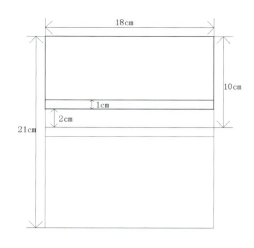

图5-3-4　钱包内部结构图

4. 放缝示意图

创新民族风钱包放缝示意图如图5-3-5所示。

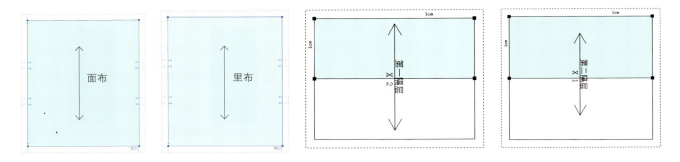

图5-3-5　钱包放缝示意图

5. 排料示意图

创新民族风钱包排料示意图如图5-3-6所示。

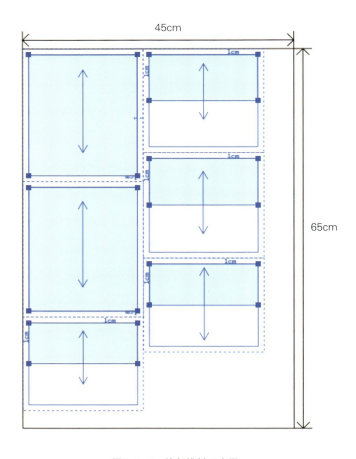

图5-3-6　钱包排料示意图

二、创新民族风侗绣胸针制作

（1）调整绣片（图5-3-7）。

图5-3-7　调整绣片

微课视频

（2）按扣子的大小在绣片的背面取圆（图5-3-8）。

（3）留出包扣的余量约2厘米，将其剪下（图5-3-9）。

图5-3-8　扣子定位

图5-3-9　定位修剪

（4）将四大配件摆放好（图5-3-10）。

（5）制作好的创新民族风侗绣胸针如图5-3-11所示。

图5-3-10　配件准备　　　　　　　　　　　图5-3-11　制作好的创新民族风侗绣胸针

任务活动

（1）了解与掌握创新民族风服饰品款式结构工艺。

（2）了解与掌握创新民族风服饰品款式制作工艺。

·项目实训内容·

（1）掌握创新侗族服饰款式制作方法。

（2）灵活运用侗族传统服饰元素进行创新设计，制作具有时尚感的民族风服饰。

（3）通过作品展示、师生评选等活动，提升学生的动手能力。

欣赏篇

学习目标：

- 认识侗族服饰元素在现代服饰款式设计上的作用。
- 正确分析与讲解侗族服饰款式设计的特征和要领。
- 掌握创新民族风服饰款式设计的新理念。

参考学时： 15学时。

✳ 项目六 赏析创新民族风服饰款式设计

相关知识

依据创新民族风服饰款式设计图片，分析其款式造型、图案设计、色彩运用等，并对服饰配饰、服装搭配等加以认识与研究。

◇◇◇ 任务一 综合分析创新民族风服饰款式设计

任务导入

分析范围包括：设计风格、款式特征、图案特点、色彩运用、材料运用、服饰配饰、服装搭配等。

图6-1-1 创新民族风服饰1

作品分析

设计风格：中国少数民族风。

款式特征：中国少数民族小肚兜。

图案特点：花卉刺绣。

色彩运用：民族色蓝、红色相配。

材料运用：棉布、麻布面料。

图6-1-2 创新民族风服饰2

作品分析

设计风格：中国少数民族风。

款式特征：宽松背心式短上衣。

饰品配饰：中国民族刺绣。

色彩运用：红、绿对比色相配。

材料运用：棉布、雪纺、牛仔布面料。

图6-1-3 创新民族风服饰3

作品分析

设计风格：时尚民族风。

款式特征：以民族图案刺绣为特色表现。

服饰配饰：头饰、围巾与服装完美结合，丰富服装的整体气氛。

服装搭配：黑色绣花短上衣与红色休闲长裤搭配，构成色彩上的对比与呼应。

图6-1-4　创新民族风服饰4

作品分析

设计风格：中国少数民族时尚风。

款式特征：披肩式时尚长款——上松下紧。

图案特点：中国大花图案——淳朴、喜庆。

色彩运用：中国色绿、蓝、红对比色相配，鲜明、强烈。

材料运用：棉布、麻布面料——宁静、朴实。

图6-1-5　创新民族风服饰5

作品分析

　　设计风格：时尚民族风。

　　款式特征：以民族图案刺绣与印花为特色表现。

　　服饰配饰：围巾、首饰与服装完美结合，丰富服装的整体气氛。

　　服装搭配：红、蓝、黑色的搭配，构成色彩上的对比与呼应，使服装与配饰协调统一。

图6-1-6　创新民族风服饰6

作品分析

设计风格：中式乡村民族风格。

款式特征：H型衬衣长款。

色彩组合：暖色系"小碎花"格调。

材质运用：中度柔软纯棉布面料。

图6-1-7 创新民族风服饰7

作品分析

设计风格：中式民族风格。

款式特征：抹胸A款晚礼服。

色彩运用：撞色色块叠加组合，艳丽格调。

材质运用：中度柔软纯棉麻面料。

图6-1-8　创新民族风服饰8

作品分析

　　设计风格：中式乡村民族风格。

　　款式特征：H型侧开襟中长款。

　　色彩运用：中纯度冷色系"大花布"格调。

　　材质运用：低度柔软纯棉麻面料。

图6-1-9 创新民族风服饰9

作品分析

设计风格：中式民族风格。

款式特征：H型套装。

色彩运用：高纯度暖色系"大花布"格调。

材质运用：低度柔软加厚纯棉布面料。

任务活动

（1）了解分析图片服饰款式、风格特征、表现手法、穿搭等总体效果。

（2）说出图片服饰特点，指出服饰创新范围。

·项目实训内容·

以服饰款式图片为例，认真分析款式特征、创新范围，写一篇分析报告，师生讨论，学生记录，体现学生的认知能力和分析能力。

结束语

　　《侗族服饰款式设计与制作》教材风格独特，有创意、有个性。它注重培养学生的动手能力和创造性思维，强化学生的实践意识，在款式造型设计中尽可能自然、朴实、大方，强调学生在传统服饰与现代服饰设计的基础上学会应用与转换。将传统图案与民族色彩纳入个性化创意设计中，使得服装、服饰品生动、活泼，更具广西侗族独特的艺术韵味，这对于将来的服装设计与服装工艺都是锦上添花。在教学实施过程中，根据掌握的技能和知识设计各种具有针对性、实用性、可操作性的活动，要求学生做学结合、边学边做，创意设计制作出具有侗族元素服饰特色的现代服装、服饰品。

参考文献

[1] 陈丽琴. 论侗族民间工艺美术的审美特征[J]. 文艺理论与批评，2006（6）：104-108.

[2] 柒丽蓉. 广西侗族服饰美浅析[J]. 南宁职业技术学院学报，2008，13（2）：9-11.

[3] 杨洁. 广西侗族女子服饰的形式艺术及设计应用[J]. 装饰，2012（6）：135-136.

[4] 周梦. 广西三江侗族女性服饰文化与服饰传承研究[J]. 广西社会科学，2011（5）：30-33.

[5] 杨昌彦. 浅谈侗族服饰之美[J]. 美术大观，2007（10）：78-79.

[6] 张静. 浅析侗族服饰中的时尚元素[J]. 天津纺织科技，2012（4）：45-46.

[7] 马会敏，汪建华，杨秀. 侗族服饰装饰艺术欣赏[J]. 服饰导刊，2016，5（2）：42-46.

[8] 马会敏，汪建华. 侗族服饰文化及制作工艺分析[J]. 民族论坛，2016（7）：109-112.

[9] 马丽. 三江侗族服饰审美及时尚元素应用研究[D]. 北京服装学院硕士学位论文，2008.

[10] 中国织绣服饰全集编辑委员会. 中国织绣服饰全集[M]. 天津：天津人民美术出版社，2005.

[11] 吕胜中. 五彩衣裳[M]. 南宁：广西美术出版社，2001.